GRÜN DAS BUCH ZUR FARBE

GRÜN

DAS

BUCH

ZUR

FARBE

Dudenverlag

Berlin

INHALT

Die grüne Stadt

Ich weiß euch eine schöne Stadt,
Die lauter grüne Häuser hat;
Die Häuser, die sind groß und klein,
Und wer nur will, der darf hinein.

ERNST ORTLEPP (1800–1864)

VORWORT

Grün steht für Hoffnung, für die Natur um uns herum, für Wachstum, Erneuerung und den Kreislauf des Lebens. Der Stoff, der dafür verantwortlich ist, ist das Chlorophyll. Es färbt die Blätter grün und bringt die Fotosynthese in Gang, die wiederum Sauerstoff erzeugt, ohne den kein Leben auf der Erde möglich wäre. Und jedes Jahr, wenn nach einem kalten und harten Winter endlich der Frühling einkehrt, die Pflanzen sprießen und der Kreislauf der Natur von Neuem beginnt, atmet der Mensch auf, weil sein Leben wieder einfacher und reicher wird. All diese Bedeutungen liegen in Grün verborgen und werden uns in diesem Buch immer wieder begegnen.

Dass wir Grün als Farbe erkennen können, hat mit Wellenlängen des Lichts zu tun, die wir über die sogenannten Grünzapfen, einen der drei Zapfentypen in unseren Augen, wahrnehmen. Die Farbe Grün hat Menschen seit jeher fasziniert. Schon die alten Ägypter stellten leuchtend grünen Lidschatten aus zerriebenem Malachit her. Grüne Edelsteine wie der Smaragd waren unter den indischen Mogulherrschern ein Symbol für Reichtum und Macht. Und natürlich kamen intensive Grüntöne in der Kunst zum Einsatz, obwohl sich lichtechtes Grün lange nur schwer konservieren ließ. Heute wird Grün als Farbton meist synthetisch hergestellt, doch bis dahin war es ein langer Weg, der nicht immer ganz ungefährlich war.

Im aktuellen Zeitgeschehen spielt Grün vor allem in zwei Bereichen eine große Rolle: in der Politik und beim Thema Nachhaltigkeit. Überall auf der Welt entwickeln sich »grüne« Parteien, Organisationen und Bewegungen, die neben dem Umweltschutz auch alternative Denkansätze in Bezug auf Wirtschaft und Soziales im Programm haben.

In Deutschland sind »Die Grünen« längst in der Mitte der Gesellschaft angekommen – und dies nicht zuletzt, weil das Thema Nachhaltigkeit immer drängender wird. Zu lange haben wir vernachlässigt, dass die Natur uns am Leben erhält und wir sie schützen müssen, wenn die Erde für zukünftige Generationen bewohnbar bleiben soll.

So folgen wir der Farbe Grün auf den unterschiedlichsten Wegen: neben Kunst und Politik selbstverständlich in den Naturwissenschaften, aber auch in der Musik, in der Literatur wie im Sport, in der Medizin genauso wie in der Religion. Dabei ergeben sich spannende Zusammenhänge, Entdeckungen und Geschichten, die das vorliegende Buch als ein schillerndes Kaleidoskop in verschiedensten Grüntönen präsentiert. ✳ ✳ ✳

WORTHERKUNFT

HERKUNFT DES WORTES »GRÜN« Das Wort »grün« leitet sich vom althochdeutschen Wort *gruoni* ab, das im Mittelhochdeutschen zu *grüene* wurde. Beide bedeuten so viel wie »wachsen, sprießen, grünen«. Aus diesen Wörtern ging nicht nur das heutige deutsche Adjektiv »grün« hervor, sondern genauso das niederländische *groen*, das englische *green* und das schwedische *grön*. Im englischen Sprachgebrauch finden sich zudem die Sprachwurzeln *gruoen* (althochdeutsch) bzw. *grüejen* (mittelhochdeutsch) wieder, und zwar im Verb *to grow* (= wachsen). Diesen alt- und mittelhochdeutschen Wörtern liegt wiederum ein vermutetes urgermanisches Verb zugrunde, das eng mit dem Wortstamm von Gras verwandt ist. Daher war eine Bedeutung des später gebildeten Adjektivs auch »grasfarben«. Und so war Grün von Anfang an nicht nur ein Name für einen Farbton, den es von Rot und Blau zu unterscheiden galt, sondern ebenso eine Bezeichnung, die im übertragenen Sinne für Wachstum, Neubeginn und Anfang stand. Grün repräsentierte die Fruchtbarkeit, die Wiedergeburt (von Pflanzen) und den Ursprung von Leben.

Synonyme

- frisch · jung · saftig · knackig · knusprig · appetitlich/roh · unreif
- ahnungslos · naiv · unerfahren · unreif · infantil · kindisch
- biologisch · naturgemäß · naturverbunden · ökologisch umweltbewusst · alternativ

CHEMIE UND PHYSIK

ALDEHYDGRÜN Der Farbstoff Aldehydgrün ist eng mit der Entwicklungsgeschichte der FARBWERKE HOECHST verbunden. Im Jahr 1863 gründete der Chemiker EUGEN LUCIUS (1834–1903), der den Farbstoff Aldehydgrün synthetisiert hatte, zusammen mit WILHELM MEISTER (1827–1895) in Höchst am Main die THEERFARBENFABRIK MEISTER LUCIUS & Co., die zunächst fünf Arbeiter beschäftigte. Zwei Jahre später trat ADOLF (VON) BRÜNING (1837–1884) in die Firma ein, die sich daraufhin in FARBWERKE MEISTER LUCIUS & BRÜNING umbenannte. Die Umwandlung zur Aktiengesellschaft – kurz FARBWERKE HOECHST AG – erfolgte 1880. Zur Zeit der Firmengründung waren die Marktchancen für grüne Farben schlecht, doch gelang es der kleinen Fabrik, eine Seidenfärberei in Lyon von der besonderen Qualität ihres Aldehydgrüns zu überzeugen. Mündlichen Überlieferungen zufolge konnte die Seidenfärberei den Pariser Hof für ihre Produkte interessieren. Es war Kaiserin EUGÉNIE (1826–1920), die Gemahlin NAPOLEONS III. (1808–1873), die eines Abends die Pariser Oper in einer grünen Robe besuchte, die mit Aldehydgrün gefärbt war. Dadurch wurde die Farbe quasi über Nacht zur begehrten Modesensation, was der Entwicklung der kleinen Höchster Fabrik offensichtlich gutgetan hat.

CHINAGRÜN / CHINESISCHES GRÜN Chinagrün oder Chinesisches Grün wird hergestellt aus den Rinden von Kreuzdornarten wie *Rhamnus chlorophorus* und *Rhamnus utilis*. Das chinesische Synonym lautet *Lo Kao*. Chinagrün ist der einzige natürliche grüne Küpenfarbstoff, der bei der Färbung mit wasserunlöslichen Pigmenten verwendet wird, der sogenannten Küperei. Andere natürliche, aber nicht grüne Küpenfarbstoffe des Altertums sind das blaue Indigo und der rote Purpur. In China wird das Chinesische Grün zum

Färben von Baumwolle und Seide benutzt, was diesen Geweben ein schönes, blaustichiges Grün von großer Lichtbeständigkeit verleiht. In europäischen Färbereien wird *Lo Kao*, das sehr teuer ist, nicht mehr verwendet.

GRÜN Grün ist als Farbe ein Teil des sichtbaren Spektrums der elektromagnetischen Wellen (etwa 520 bis 565 Nanometer). Diese werden nach steigender Frequenz und zugleich abnehmender Wellenlänge geordnet: Rot – Orange – Gelb – Grün – Blau – Violett. Der Mensch kann bei Weitem nicht so viele Farben wahrnehmen wie viele Tiere. Wir sehen Farben mithilfe von Zapfen in unserer Netzhaut, die Licht in chemische und dann elektrische Signale umwandeln. Diese Zapfen werden in drei verschiedene Typen unterteilt: Die blauempfindlichen Zapfen werden durch Licht einer Wellenlänge von rund 430 Nanometern aktiviert, die grünempfindlichen Zapfen bei etwa 530 Nanometern und die rotempfindlichen Zapfen nahe 560 Nanometern.

→ Grünblindheit, Grünschwäche, Rot-Grün-Blindheit, S. 60

GRÜNE FARBEN Von den 108 grünen Farbtönen, die im Folgenden aufgezählt sind, leiten 29 ihre Namen von Pflanzen, Bäumen und Früchten ab, 19 von chemischen Verbindungen und Mineralien, 18 von Städten, Ländern und Flüssen sowie fünf von Tiernamen.

---

grüne Farbtöne

Absinthgrün · Aldehydgrün · Apfelgrün · Armeegrün · Avocadogrün · Billardgrün · Birkengrün · Blassgrün · Blattgrün · Blaugrün Brillantgrün · Bronzegrün · Chinagrün · Chlorgrün · Chromgrün Chromoxydgrün · Diamantgrün · Dschungelgrün · Echtgrün Efeugrün · Englisches Grün · Erbsgrün · Eukalyptusgrün · Farngrün · Filzgrün · Flaschengrün · Französisches Grün · Froschgrün

Gallengrün · Giftgrün · Grasgrün · Graugrün · Grünbeige
Grünblau · Heliogrün · Jadegrün · Kadmiumgrün · Kaisergrün
Kieferngrün · Kirschberger Grün · Kiwigrün · Knospengrün
Kobaltgrün · Kolibrigrün · Kupfergrün · Laubgrün · Leipziger
Grün · Lichtgrün · Lindgrün · Lodengrün · Maigrün · Malachit-
grün · Maschinengrün · Mattgrün · Meergrün · Mintgrün
Mistelgrün · Mitisgrün · Moosgrün · Münchner Grün · Myrten-
grün · Natogrün · Neapelgrün · Neongrün · Neugrün · Nilgrün
Olivgrün · Opalgrün · Originalgrün · Papageiengrün · Pariser
Grün · Pastellgrün · Patentgrün · Patinagrün · Permanentgrün
Petrolgrün · Pfauengrün · Pfefferminzgrün · Pigmentgrün
Pistaziengrün · Polizeigrün · Resedagrün · Russischgrün · Saft-
grün · Salatgrün · Scheeles Grün · Schilfgrün · Schimmelgrün
Schmutziggrün · Schweinfurter Grün · Schweizer Grün · Seegrün
Signalgrün · Smaragdgrün · Spinatgrün · Tannengrün · Türkisgrün
Turmalingrün · Verkehrsgrün · Veroneser Grün · Victoriagrün
Viridingrün · Waldmeistergrün · Wandtafelgrün · Wassergrün
Wiener Grün · Würzburger Grün · Zinkgrün

GRÜNE PATINA Grüne Patina entsteht, wenn Bestandteile der
Luft auf Kupfer und Kupferlegierungen einwirken. Die graugrüne, mitunter seidig glänzende Schicht sollte nicht mit
dem giftigen Grünspan verwechselt werden. Und obwohl
grüne Patina eine Korrosionserscheinung ist, schützt sie das
Metall vor weiteren stofflichen Veränderungen. Früher be-
stand die natürliche grüne Patina hauptsächlich aus basischem Kupfercarbonat, gebildet durch die Einwirkung des
Kohlendioxids der Luft. Heute enthält sie daneben auch
basisches Kupfersulfat. Dies ist auf das Schwefeldioxid in
der Luft zurückzuführen, dessen Konzentration durch die
Verbrennung von fossilen Brennstoffen in den letzten zwei-
hundert Jahren ständig zugenommen hat.

→ Grünspan, S. 22

GRÜNER STRAHL Der Grüne Strahl ist eine atmosphärische Erscheinung, die gelegentlich bei Sonnenuntergängen beobachtet werden kann. Die grüne, nur zwei bis drei Sekunden während Lichtfärbung ist in dem Augenblick sichtbar, in dem die Sonne hinter dem Horizont verschwindet. Da die Brechung des Lichts der Sonne umso stärker ist, je näher sie sich am Horizont befindet, wird dort das letzte Lichtsegment der untergehenden Sonne in seine Spektralfarben zerlegt. Es entstehen ein roter, grüner und blauer Sonnenrand. Da der rote Rand zuerst untergeht, liegen für sehr kurze Zeit nur der blaue und der grüne Rand über dem Horizont. Durch die Verschmutzung der Atmosphäre wird das blaue Licht stark abgeschwächt und somit ist für wenige Sekunden nur der Grüne Strahl zu sehen.

GRÜNES FETT Grünes Fett wird zum Grünfärben von anderen Lipiden (Fetten) gebraucht. Die lateinische Bezeichnung lautet *Adeps viridis*.

Rezeptur	
Schweineschmalz	1 000,0 g
Chlorophyll (öllöslich)	2,0 g

GRÜNES GAS Ein tatsächlich grünfarbiges Gas ist das sehr aggressive zweiatomige Element Chlor. Wenn jedoch im allgemeinen Sprachgebrauch von »Grünem Gas« die Rede ist, so meint man damit auf natürliche Weise entstandene Gase wie Erdgas, Biogas, Grubengas, Sumpfgas oder Faulgas, die alle im Wesentlichen aus Methan bestehen. Bei ihrer Verwendung als Energielieferanten bildet sich jedoch das

Satellitenbild des russischen Vulkans Kljutschewskoi, S. 16/17

umweltbelastende Kohlendioxid. Allerdings kann aus diesen Gasen durch chemische und physikalische Prozesse Wasserstoff gewonnen werden, der bei seiner Verbrennung zur Energieerzeugung nur das physiologisch wertvolle und umweltfreundliche Wasser hinterlässt. Insofern ist allein der Wasserstoff, der in Brennstoffzellen genutzt werden kann, als ein echtes »Grünes Gas« zu betrachten.

GRÜNES ÖL Grünes Öl wird benutzt, um lipophile (in Fett lösliche) Flüssigkeiten grün zu färben. Ein Synonym lautet *Oleum viride*.

Rezeptur	
Olivenöl	99,0 g
Chlorophyll (öllöslich)	2,0 g

GRÜNFEUER Grünfeuer erzeugt man mit Bariumnitrat, das in der Feuerwerkerei zur Herstellung von grünen Leuchtsätzen wie beispielsweise Raketen oder Wunderkerzen verwendet wird. Bariumnitrat ist ein an sich farbloser, kristalliner Feststoff, der erst durch Kontakt zu einer Flamme die typische grüne Flammenfärbung erhält. Die Färbung des Ausstoßes einer gezündeten Leuchtrakete beruht also auf der charakteristischen Flammenfärbung bestimmter Elemente oder deren Verbindungen. Auch andere Elemente werden aufgrund dieser Eigenschaften in der Feuerwerkerei eingesetzt. Die charakteristische Flammenfärbung wird zudem dazu genutzt, um mithilfe der farblosen Flamme eines Bunsenbrenners nicht identifizierte Elemente voneinander zu unterscheiden.

Natrium	gelb
Calcium	gelbrot
Barium	grün
Kalium/Rubidium/Cäsium	violett
Lithium und Strontium	karminrot

GRÜNFILTER Der oder das Grünfilter ist ein grün gefärbtes Filter, das bei der Schwarz-Weiß-Fotografie zur Dämpfung roter Farbtöne verwendet wird sowie zur Erzeugung stärkerer Kontraste bei Grüntönen. Der Einsatz eines Filters in der Schwarz-Weiß-Fotografie führt zu einer Verschiebung bei der Grautonumsetzung. Die Farbe, die der Filter selbst aufweist, wird verstärkt, während die Komplementärfarbe unterdrückt wird. Diese Wirkung wird ausschließlich bei der analogen Fotografie erzielt, bei der das Filmmaterial entsprechend reagieren kann.

→ Grün in der Farbmischung, S. 150

→ Grün als Komplementärfarbe, S. 146

GRÜNGLAS Bei Glascontainern wird zwischen Braunglas, Grünglas und Weißglas unterschieden. Seit Mitte der 1970er-Jahre wird in Deutschland Glas gesammelt. Anlass war damals nicht die Knappheit des Rohstoffs, da das Rohmaterial Quarzsand billig und reichlich zur Verfügung stand, sondern der Müllnotstand. Ende der 1980er-Jahre betrug der Altglasanteil etwa 40 Prozent der Gesamtproduktion. Heute schreiben Gesetze vor, dass 60 Prozent des Altglases recycelt werden müssen. Daher ist die Trennung nach Farben vor der industriellen Wiederverwendung sehr wichtig.

Was macht Glas farbig? Es sind Zusätze von Metallionen bzw. Metalloxiden.

Glasfärbungen durch Metallionen

Metall	Wertigkeit	Färbung
Kupfer	2+	schwach blau
Chrom	3+	grün
	6+	gelb
Mangan	3+	violett
Eisen	3+	gelb bis braun
	2+	blau bis grün
Kobalt	2+	blau
	3+	grün
Nickel	2+	je nach Matrix grau, braun, gelb, grün, blau, violett

GRÜNGOLD Z Grüngold Z ist die Bezeichnung für einen licht- und wetterechten Nickelkomplex eines sogenannten Monoazofarbstoffs, der hauptsächlich bei Transparent-, Metalleffekt- und Industrielacken Anwendung findet.

GRÜNKREUZ Grünkreuz ist eine Sammelbezeichnung für Kampfstoffe, die die Atemorgane schädigen. Hierzu gehören Phosgen, Diphosgen, Triphosgen, Chlor und Chlorpikrin. Die Namensgebung erfolgte im Ersten Weltkrieg, als Munition, die solche Kampfstoffe enthielt, mit einem grünen Kreuz kenntlich gemacht wurde. Außer Grünkreuz existieren die Begriffe »Gelbkreuz«, »Blaukreuz« und »Rotkreuz«.

»Gelbkreuz« ist der Oberbegriff für chemische Kampfstoffe, deren Wirkung in erster Linie auf Verätzungen der Haut abzielt. »Blaukreuz« umfasst chemische Kampfstoffe, die stark reizend auf den Nasen-Rachen-Raum wirken. »Rotkreuz« ist der Funkrufname des Roten Kreuzes im BOS-Funkverkehr (zwischen »Behörden und Organisationen mit Sicherheitsaufgaben«). Hierbei handelt es sich erfreulicherweise nicht um den Sammelbegriff für eine Kampfstoffgruppe, sondern um das internationale Schutzzeichen des Sanitätsdienstes. Zugleich ist es das Kennzeichen der in über 150 Nationen der Erde bestehenden Rotkreuz-Gesellschaften.

GRÜNLAUGE Grünlauge ist ein bei der Papier- und Zellstoffherstellung aus Holz anfallendes Nebenprodukt, das bei der Trennung von Lignin und Polysacchariden (Faserstoffen) nach dem Sulfatverfahren entsteht. Sie wird zur Weißlauge verarbeitet, die dann wieder im Papierherstellungsprozess Verwendung findet.

GRÜNSALZ Warum kann Grünsalz einerseits schädlich für die Umwelt sein, andererseits aber auch nützlich bei der Regenerierung geschädigter Gewässer? Das als Grünsalz bezeichnete Eisen(II)-sulfat entsteht neben der sogenannten Dünnsäure bei der Herstellung von Titandioxid, einem weit verbreiteten Zusatzstoff in Kosmetika, Arzneimitteln und manchen Lebensmitteln. Große Mengen von Grünsalz und Dünnsäure können jedoch gesundheits- und umweltschädlich sein. Bis in die 1970er-Jahre wurden beide Nebenprodukte in Küstenregionen verklappt, was außerhalb Deutschlands heute immer noch möglich ist und praktiziert wird. Pro Tonne Titandioxid fallen etwa vier Tonnen Grünsalz an. Auf der anderen Seite kann das Eisen im Grünsalz das Phosphat in Abwässern binden und ausfällen. Damit lässt sich die Eutrophierung langsam fließender Gewässer, die besonders durch phosphatreiche Abflüsse aus Kläranlagen bedingt ist, beheben. Unter Eutrophierung versteht man die Überdüngung von Oberflächengewässern mit Nährstoffen in Form von kohlenstoff-, stickstoff- und phosphorhaltigen Verbindungen, wodurch eine Störung des biologischen Gleichgewichts eintritt. Ein Indikator der Eutrophierung in stehenden wie in langsam fließenden Gewässern ist die in wärmeren Jahreszeiten auftretende Massenentwicklung von Blau- und Grünalgen. Der damit verbundene Sauerstoffmangel schädigt die im Wasser lebenden Tiere.

GRÜNSPAN Grünspan ist ein blaugrünes Farbpigment, das durch seinen Kupfergehalt giftig ist. Schon im Altertum gewann man es als Malerfarbe durch das Einlegen von Kupferfolien in Weintrester (Pressrückstände), die dann in aus gebranntem Ton hergestellten Töpfen aufbewahrt wurden. Bei den griechischen und römischen Gelehrten der Antike finden sich die Bezeichnungen *ios chalkou* bzw. *aerugo* (= Kupferrost). Im Mittelalter wurde Grünspan aus Spanien eingeführt und erhielt daher die Bezeichnung »Spanisches Grün« (lat. *viride hispanicum*). Heute wird Grünspan nicht mehr als Anstrich verwendet. In der Umgangssprache wird die Bezeichnung Grünspan oft auch für das Phänomen der

→ grüne Patina, S. 14

grünen Patina benutzt, die aber kein Farbpigment, sondern eine witterungsbedingte Oberflächenschicht ist.

KÖLNER BRÜCKENGRÜN Kölner Brückengrün (oder Kölner Grün) ist der Name für die Farbe Chromoxidgrün, die besonders lichtbeständig und wasserfest ist. Sie wurde 1929 von der BAYER AG hergestellt und noch im selben Jahr auf Wunsch des Kölner Oberbürgermeisters KONRAD

→ grüne Patina, S. 14

ADENAUER (1876–1967) für den patinagrünen Anstrich von

vier der acht Rheinbrücken verwendet: Mülheimer Brücke, Deutzer Brücke, Severinsbrücke und Zoobrücke. Noch heute sind alle vier Brücken mit Chromoxidgrün gestrichen. Wegen seiner Robustheit und der geringen Schmutzanfälligkeit wurde Chromoxidgrün bis in die 1960er-Jahre auch von der DEUTSCHEN BAHN zum Lackieren von Zugwagons und Lokomotiven genutzt.

SCHWEINFURTER GRÜN Das Schweinfurter Grün hat eine stattliche Reihe von Synonymen wie Casseler Grün, Deckpapiergrün, Englisches Grün, Kaisergrün, Kirchberger Grün, Leipziger Grün, Moosgrün, Münchner Grün, Neugrün, Neuwieder Grün, Originalgrün, Papageiengrün, Pariser Grün, Patentgrün, Schweizer Grün, Uraniagrün, Wiener Grün und Würzburger Grün. Darüber hinaus trägt es zwei weitere Namen, die mit seiner Entstehungsgeschichte zusammenhängen, nämlich Scheeles Grün und Mitisgrün. Das intensiv grüne, kristalline Pulver, das als Niederschlag beim Zusammengießen siedend heißer Lösungen von arseniger Säure und Kupfer(II)-acetat ausfällt, wurde im Jahr 1778 erstmals von CARL WILHELM SCHEELE (1742–1786) erzeugt (Scheeles Grün). Ab 1805 widmete sich IGNAZ EDLER VON MITIS (1771–1842) der Herstellung (Mitisgrün). Die erste technische Gewinnung fand 1814 durch SATTLER in Schweinfurt statt (Schweinfurter Grün). Das Pigment ist besonders in Ölbindemitteln gegen Licht und Luft sehr beständig. Aufgrund seiner Toxizität findet es schon lange keine Verwendung mehr. Ein weiterer Name ist eng mit dem Schweinfurter Grün verbunden: NAPOLEON BONAPARTE (1769–1821). Während seiner Verbannung lebte der frühere französische Kaiser auf der britischen Insel St. Helena im Südatlantik sechs Jahre lang in grün tapezierten Räumen, da Grün seine Lieblingsfarbe gewesen sein soll. Vor einigen

Jahren analysierten französische Chemiker die Überreste seines Leichnams. Tatsächlich konnten dabei in Haaren und Fingernägeln beträchtliche Arsenkonzentrationen gefunden werden. Arsen reichert sich in keratinhaltigen Geweben an und kann noch in Mikrogrammmengen sicher nachgewiesen werden. Zunächst wurde vermutet, dass NAPOLEON an einer langsam dahinschleichenden Arsenvergiftung gestorben sei, die allerdings nicht mutwillig durch fremde Hände herbeigeführt worden sei. Vielmehr seien ihm die mit Schweinfurter Grün gestrichenen Räumen zum Verhängnis geworden. Allerdings zeigen neuere Untersuchungen, dass auch andere Zeitgenossen NAPOLEONS ähnliche hohe Arsenkonzentrationen im Körper aufwiesen und nicht daran verstarben. Somit bleibt die Todesursache des Ex-Kaisers weiterhin ungewiss.

VERONESER GRÜN Veroneser Grün ist eine der bekanntesten sogenannten Grünen Erden und wird seit alter Zeit als bläulichgrünes Pigment für die Aquarell-, Tempera-, Fresko- und Ölmalerei verwendet. Es handelt sich um eine Mischung aus verschiedenen Mineralien, die in den Bergen nördlich der italienischen Stadt Verona gewonnen werden. Leider sind die Fundstellen mit den qualitativ hochwertigsten Erden seit einem Beben in den 1920er-Jahren verschüttet. Teilweise wird die Farbqualität durch Chrom- und Kupfergrünpigmente verbessert.

→ Grüne Erden, S. 27

GEOLOGIE

GRÜNE EDELSTEINE Zu den bekanntesten grünen Edelsteinen gehören der Malachit, der Smaragd und die grüne Jade.

Der **Malachit** wird auch Berg- oder Kupfergrün genannt. Das Mineral, ein basisches Kupfercarbonat, tritt ausschließlich in grüner Farbe auf, wobei alle Schattierungen von Blassgrün bis Dunkelgrün vorkommen. Malachit kann auf allen Kontinenten der Welt gefunden werden. Der Name leitet sich vom altgriechischen Wort für Malve ab, an deren Blätter seine zum Teil satte grüne Farbe erinnert. Er wird als Farbpigment wie als Schmuckstein genutzt. Die alten Ägypter verwendeten zerriebenen Malachit zur Herstellung von ausdrucksstarkem grünem Lidschatten. In der Malerei setzte ihn RAFFAEL (1483–1520) für den grünen Vorhang im Hintergrund seiner *Sixtinischen Madonna* ein. Im Kreml in Moskau sind sogar ganze Säulen aus Malachit gefertigt. Seit den 1870er-Jahren kann malachitgrüner Farbstoff auch synthetisch hergestellt werden. Dieser kommt heute noch zum Einsatz, um Goldfische von Pilzen und Parasiten zu befreien – allerdings sind die Tiere dann für einige Tage grün gefärbt.

Der **Smaragd** ist eine Varietät des Minerals Beryll. Sein Name leitet sich vom altgriechischen Begriff für »grüner Stein« *(smáragdos)* ab. Die Anfänge des Smaragdabbaus liegen im alten Ägypten. Über tausend Jahre lang wurde der Stein von dort nach Europa und in den Orient gebracht. Besonders bei den indischen Mogulherrschern war der Smaragd als Schmuckstein sehr beliebt. Später lösten Kolumbien und Brasilien Ägypten als Hauptlieferant ab. Eines der berühmtesten Objekte aus grünem Smaragd ist ein vom italienischen Steinschneider DIONISIO MISERONI (1607–1661) angefertigtes Gefäß, das er 1641 aus einem kolumbianischen Smaragdkristall geschnitten hat. Es hat einen Durchmesser von ca. 8 Zentimetern und ist ca. 10

Zentimeter hoch. Der Großherzog der Toskana soll drei Tonnen Gold geboten haben, um es in seinen Besitz zu bekommen. Heute befindet es sich im Kunsthistorischen Museum in Wien.

Grüne Jade: In China wird zwischen zwei verschiedenen Arten von Jade unterschieden. Jade, die seit Jahrtausenden in der chinesischen Kultur verwendet wird und aus Edelserpentin besteht, trägt den Namen *Yu.* Jade, die aus der westlichen Welt stammt und sich vorwiegend aus Nephrit und Jadeit zusammensetzt, wird *Fei-Tsui* genannt. Es gibt weiße und grüne Jade, wobei grüne Jade geringe Mengen Chrom-, Chlor- oder andere Ionen enthält. Jade entsteht im Zuge vulkanischer oder plattentektonischer Prozesse. Sie ist relativ hart und schwer zu verarbeiten. Besonders im frühen China vor der Zeitenwende spielte Jade eine große Rolle. Aus ihr wurden zeremonielle Waffen, rituelle Gefäße und Amulette hergestellt. Außerdem wurde der Jade eine heilende Wirkung zugeschrieben und sie diente der Verehrung von Göttern. Vor allem grüne Jade gilt als Symbol des Glücks.

GRÜNE ERDEN Grüne Erden, auch Grünerden oder Grüne Mineralien genannt, sind graugrüne Verwitterungsprodukte von calcium-, magnesium- und eisenhaltigen Silikaten. In fein gemahlenem Zustand werden sie in der Malerei als Farbpigmente verwendet. Bekannt ist vor allem das Veroneser Grün, das aus den Bergen nördlich der italienischen Stadt Verona stammt. Daneben gibt es Bayerische Grüne Erde und Böhmische Grüne Erde. Im alten Rom wurde Grüne Erde als Wandfarbe genutzt; heute wird sie in der Denkmalpflege verwendet.

→ Veroneser Grün, S. 24

GRÜNQUARZ Grünquarz oder auch Prasiolith wird heute vor allem durch das Brennen von Amethysten gewonnen, die

sich in der Hitze dann grün verfärben. Der Name Prasiolith leitet sich von den griechischen Wörtern *prason* (= Lauch) und *lithos* (= Stein) ab und bedeutet also Lauch(-farbener) Stein. In seiner natürlichen Form kommt dieser hellgrün leuchtende Quarz an nur sehr wenigen Fundorten vor wie z. B. in Indien, Russland und Simbabwe.

GRÜNSAND/GRÜNSCHLICK Mit Grünsand bezeichnet man eine durch Glaukonit grün gefärbte Meeresablagerung bzw. grünes Sedimentgestein. Glaukonit ist ein intensiv grünes, zu den Tonmineralien gehörendes, wasserhaltiges Kalium-Eisen-Aluminium-Silikat, das rundliche Körner bildet. Grünsand wird vor der Verfestigung, also in schlammartiger Form, als Grünschlick bezeichnet.

GRÜNSCHIEFER Grünschiefer sind feinkörnige Gesteine, die zur Gruppe der kristallinen Schiefer gehören. Seine grünliche Farbe hat er durch beteiligte Minerale wie Chlorite, Epidot und Aktinolith oder grünen Granat. Grünschiefer wird zumeist im Straßenbau verwendet.

GRÜNSTEIN Grünstein hat drei Bedeutungen:

1. Grünstein ist eine in alten geografischen Werken und Karten verwendete Bezeichnung für die Gesteinsart Diabas.

2. Grünsteine sind dichte Gesteine, deren Ausgangsgesteine Basalt, Dolerit oder Gabbro sind. Durch stark erhöhten Druck und Hitze tief in der Erdkruste, die durch plattentektonische Prozesse ausgelöst werden, verändern sie ihren Mineralbestand, wobei Chlorite und Epidot ihnen die grünliche Farbe verleihen. Feinkörniger Grünstein wurde früher zu Steinwerkzeugen verarbeitet.

3. Grünstein ist der Name eines Berges in Bayern, der zum Watzmannstock in den Berchtesgadener Alpen gehört.

🖼 Grüner Glimmer (Metatorbernit) aus den französischen Pyrenäen, S. 28

Von seinem Gipfel auf einer Höhe von 1304 Metern über dem Meeresspiegel blickt man auf den Königssee.

GRÜNSTEINGÜRTEL Grünsteingürtel sind bis zu mehrere tausend Kilometer lange Gesteinsformationen, die zumeist aus umgewandelten vulkanischen Gesteinen wie Basalt und Sedimentgestein bestehen. Der Name leitet sich von der grünlichen Farbe der Gesteine ab. Diese wird durch die enthaltenen metamorphen, also durch Druck oder Temperatur veränderten Minerale wie Chlorite und Aktinolith hervorgerufen. An Grünsteingürteln lässt sich die geologische Geschichte des Archaikums, eines frühen Abschnitts der Erdgeschichte, erforschen.

BOTANIK

BLATTGRÜN Blattgrün ist der deutsche Name für Chlorophyll, abgeleitet von den altgriechischen Wörtern *chloros* (= gelblich grün) und *phyllon* (= Blatt), und bezeichnet das Blattpigment der höheren Pflanzen und Grünalgen. Das Blattgrün verleiht diesen Gewächsen die grüne Farbe und befähigt sie zur Fotosynthese, d. h. der Erzeugung von chemischer Energie mithilfe von Licht. Das natürliche Chlorophyll besteht aus zwei Komponenten, dem blaugrünen Chlorophyll a und dem gelbgrünen Chlorophyll b, das in geringer Menge als Begleitpigment auftritt. Die wachsartige Konsistenz des Blattgrüns beruht auf der Teilstruktur des ungesättigten Alkohols Phytol. Da Chlorophyll durch die Umwandlung von CO_2 (Kohlendioxid) Sauerstoff produziert, ist kein anderes natürliches oder synthetisches Pigment von so essenzieller Bedeutung für Pflanzen, Tiere und Menschen. Der damit verbundene Abbau von CO_2 macht das Blattgrün zugleich zum wichtigsten Umweltschützer.

GRÜNALGEN Grünalgen, die zur Familie der *Chlorophyceae* gehören, beinhalten Chlorophyll und sind daher fotoautotrophe Organismen, die sich selbst versorgen können, indem sie ihre Energie aus Sonnenlicht gewinnen. Im Ökosystem der Gewässer stellen sie den Großteil der sogenannten Primärproduzenten dar und dienen Kleinkrebsen und Fischen als Nahrungsquelle. Einzellige Grünalgen wie die begeißelte *Chlamydomonas angulosa* besiedeln stehende und langsam fließende Gewässer. Daneben treten fädige und blattartige mehrzellige Grünalgen auf. Die Grünalge *Ulothrix zonata* besitzt beispielsweise einen Fadenthallus (Thallus = Vegetationskörper). Die Grünalge *Ulva lactuca* bildet dagegen einen breitflächigen, bis zu 50 Zentimeter langen Thallus aus, der entsprechend seiner volkstümlichen Bezeichnung »Meersalat« bzw. »Meerlattich« gegessen werden kann. Besonders häufig ist er in den Gezeitenzonen der an Europa grenzenden Meere anzutreffen. Grünalgen sind zumeist an Steinen und Buhnen festgewachsen und leisten einen positiven Beitrag zum Sauerstoffhaushalt der Gewässer, da sie im Verlauf der Fotosynthese (so wie die grünen Landpflanzen auch) Sauerstoff freisetzen. Ihre Nährstoffe, besonders die stickstoff- und phosphorhaltigen Substanzen, entnehmen sie dem Wasser, was zur biologischen Selbstreinigung der Gewässer beiträgt.

GRÜNBEERE Als Grünbeere wird auch die grüne Stachelbeere *(Ribes uva-crispa)* bezeichnet, deren Fruchtfarbe je nach Sorte grün, gelb oder purpurrot ausfällt.

GRÜNBLÄTTRIGER SCHWEFELKOPF Der Grünblättrige Schwefelkopf *(Hypholoma fasciculare)* ist ein giftiger Lamellenpilz, der in großen Büscheln an Nadel- und Laubholzstümpfen fruchtet. Junge Exemplare besitzen die für diesen Pilz typischen schwefelgelben Lamellen, die später grünlich bis olivbraun werden. Sein Hut ist leuchtend gelb bis grünlich eingefärbt.

GRÜNE FOTOSYNTHETISIERENDE BAKTERIEN Der Prozess der Fotosynthese ist nicht nur auf höhere Pflanzen beschränkt. Auch autotrophe (sich selbst ernährende) Bakterien wie Purpurbakterien und grüne fotosynthetisierende Bakterien sind hierzu in der Lage. Sie sind in sauerstofffreien Lebensräumen wie sumpfigen Tümpeln anzutreffen, in denen aus verwesenden Zellen Schwefelwasserstoff entsteht.

→ Blattgrün, S. 32

GRÜNE GEFAHR Mit dem Begriff »Grüne Gefahr« bezeichnet man heute nichtheimische Pflanzen, die aus anderen Verbreitungsgebieten eingeschleppt werden, sich hierzulande stark

▣ *Zwei Löwen lauern im Dschungel* (1909/10) von Henri Rousseau, S. 34/35

verbreiten und damit die einheimische Flora verdrängen. Dazu gehört beispielsweise der Japanische Staudenknöterich bzw. Japanknöterich *(Fallopia japonica),* der im Harz das Wachstum von Buchen- und Eichenwäldern zurückdrängt.

GRÜNE ORCHIDEEN Obwohl die Gattung Grüne Orchideen als solche nicht existiert, gibt es doch zwei heimische Orchideen, die wegen ihrer grünlichen Blütenfärbung das Adjektiv »grün« im Namen tragen:

Grüne Hohlzunge *(Coeloglossum viride),*

Grünliche Waldhyazinthe *(Platanthera chlorantha).*

Orchideen *(Orchidaceae)* siedeln sich am Boden, auf Steinen und vor allem auf anderen Pflanzen an. Sie sind mit etwa 30 000 Arten über die ganze Welt verteilt. Die meisten von ihnen wachsen in den Tropen und Subtropen. Bei uns stehen Orchideen unter Naturschutz.

GRÜNER KNOLLENBLÄTTERPILZ Der Grüne Knollenblätterpilz *(Amanita phalloides),* auch Grüner Giftwulstling genannt, den man von Juli bis Oktober besonders in Gesellschaft von Wald- und Parkbäumen antrifft, ist für einen Großteil der tödlich verlaufenden Pilzvergiftungen in unseren Breiten verantwortlich. Er enthält drei Gruppen von Toxinen, darunter die Amatoxine, die hinter der Giftwirkung des Pilzes stehen. Es handelt sich um Stoffe, die selbst gegen Kochen stabil sind. Das Tückische an einer Knollenblätterpilz-Vergiftung ist, dass sich erste Krankheitszeichen erst nach 8 bis 24 Stunden einstellen. Auf heftige Brechdurchfälle, die ungefähr ein bis zwei Tage andauern, folgt eine scheinbare Besserung, die etwa einen Tag anhält. Anschließend entwickeln sich in der

Regel schwere Leber- und Nierenschäden. Knollenblätterpilze haben eine große Ähnlichkeit mit Champignons. Den
Grünen Knollenblätterpilz kann man aufgrund seiner grün-
en Färbung recht gut unterscheiden. Doch wie kann man
andere Knollenblätterpilze und Champignons auseinander-
halten? Charakteristisch für Knollenblätterpilze ist die lappi-
ge weiße Scheide, die den im Boden steckenden Stielknollen
umgibt. Besondere Merkmale sind zudem die weißen Lamellen. Champignons besitzen dagegen rosarote Lamellen, die
mit der Zeit braun werden.

GRÜNERLE Bei den Erlen *(Alnus),* die zu der Familie der Bir-
kengewächse *(Betulaceae)* gehören, unterscheidet man drei
verwandte Laubbäume: die Schwarzerle, die Grauerle und die
Grünerle. Die Schwarzerle *(Alnus glutinosa)* ist fast über ganz
Europa verbreitet und besonders in nassen Bruchwäldern
sowie Ufergehölzen anzutreffen. In den Gebirgen, besonders
auf Flussschottern, begegnet man eher der Grauerle *(Alnus
incana).* Die strauchige Grünerle *(Alnus viridis)* wächst meis-
tens in der Nähe von Waldgrenzen. Erlen gehören zu den
Pflanzen, die aufgrund von Symbiose mit bestimmten Bakterien Luftstickstoff assimilieren können. Deswegen verwendet man Erlen, besonders die Grauerlen, zur Aufforstung.
Die Blätter der Grünerle sind bis zu 6 Zentimeter lang,
rundlich oder länglich oval sowie doppelseitig gesägt. Die
Kätzchen erscheinen mit den Blättern. Männliche Kätzchen
sind 5 bis 12 Zentimeter lang und gelb, weibliche Kätzchen
sind 1 Zentimeter lang, grünlich und später rötlich. Frucht-
tende Kätzchen sind 1 bis 1,5 Zentimeter lang, zur Reife-
zeit schwärzlich und bleiben bis zum Frühjahr stehen. Die
Grünerle wird in den Alpen zur Festigung von Lawinen-
hängen angepflanzt. Die elastischen Stämme und Zweige
tragen auch dicke Schneelagen, ohne abzubrechen.

GRÜNER PIPPAU Zur Familie der Korbblütler *(Asteraceae/Compositae)* gehört die Unterfamilie der Zungenblütigen *(Cichorioideae/Liguliflorae)*, zu deren Gattungen die des Pippau *(Crepis)* zählt. Mit ungefähr 200 Arten ist diese Gattung relativ klein. Bei uns in Mitteleuropa sind etwa 30 Arten heimisch, die sich zum Verwechseln ähnlich sehen. Eine davon ist der Grüne Pippau *(Crepis capillaris)*. Im Unterschied zum Dach-Pippau sind seine Laubblätter am Rand nicht eingerollt und haben eine frischgrüne Farbe. Seine Blütenköpfchen sind goldgelb.

GRÜNES AUGENTIERCHEN Das Grüne Augentierchen ist ein Chlorophyll enthaltendes Geißeltierchen mit der wissenschaftlichen Bezeichnung *Euglena viridis,* das zur Algenklasse *(Euglenida)* der *Euglenophyta* gehört. Die Gattung der Augentierchen *(Euglena)* mit rund 150 Arten ist vor allem in nährstoffreichen Süßgewässern, weniger in Brackwasser und im Meer anzutreffen. Die mikroskopisch kleinen, frei lebenden einzelligen Algen besitzen eine lange Schwimmgeißel und einen roten Augenfleck. Neben fototrophen (sich von Lichtenergie ernährenden) *Euglenae,* zu denen das Grüne Augentierchen zählt, existieren auch heterotrophe (sich von anderen Organismen ernährende) Organismen. Es war daher lange Zeit umstritten, ob *Euglena* eine tierische oder eine pflanzliche Gattung darstellt. Heute zählt man *Euglena* meist zu den pflanzlichen Einzellern.

GRÜNFÄULE Als Grünfäule wird eine Fäulnis bezeichnet, die durch Pilze auf der Schale von Obst und Weintrauben verursacht wird. Weinbeeren, die durch Wespen oder Vögel verletzt wurden, können leicht durch den Schimmelpilz *Penicillium glaucum* (Grünschimmel) befallen werden, was dem daraus bereiteten Wein einen muffigen Geschmack verleiht.

⬚ Die Grünalge *Caulerpa lentillifera* ist auch als *Umibudō* (jap. = Meerestraube) oder Grüner Kaviar bekannt, S. 38

Auch die grün gefärbte Holzzersetzung, verursacht durch eine Schlauchpilzart, wird Grünfäule genannt.

GRÜNFENSTER Der Begriff »Grünfenster« bezeichnet eine Eigenschaft bestimmter Proteine von Blaualgen, Rotalgen und *Cryptophyceen* (einzelligen, mikroskopisch kleinen, mit zwei Geißeln versehenen Algen). Sie absorbieren Licht im grünen bis hellroten Spektralbereich (500 bis 650 Nanometer), d. h. in einem Wellenbereich, der von den meisten anderen (grünen) Pflanzen nicht oder nur sehr wenig genutzt werden kann.

→ Grün, S. 13

GRÜNHERZ (GREENHEART) Grünherz bzw. *Greenheart* wird ein hartes, witterungsbeständiges Holz genannt. Stammpflanze ist das Lorbeergewächs *Ocotea rodiei*. Es kommt in Brasilien und dessen nördlichen Nachbarländern vor und ist gelbgrün oder dunkelbraun bis schwarz gestreift. Grünherz wird überwiegend als Drechslerholz und im Schiffsbau verwendet. Es hat eine sehr gute Widerstandsfähigkeit gegenüber Kernholzkäfern und Bohrmuscheln.

GRÜNHOLZ Als Grünholz wird in der Holzverarbeitung gerade gefälltes und damit noch feuchtes Holz bezeichnet, das sich leichter durch Spalten, Sägen, Drechseln oder Biegen bearbeiten lässt als bereits getrocknetes Holz. Allerdings muss berücksichtigt werden, dass das Holz durch Trocknung 10 Prozent seines Umfangs verliert. Außerdem treten beim Trocknungsprozess Spannungen auf, die sich entladen müssen und so zum Reißen des Holzes führen können, wobei verschiedene Hölzer unterschiedlich reagieren. Pflaumenbäume und Holunder müssen mehr Spannungen abbauen und reißen leichter, Eschen müssen dagegen kaum Spannungen abbauen.

GRÜNLILIEN Die zu der Gattung *Chlorophytum* gehörenden Liliengewächse werden als Garten- und Topfpflanzen kultiviert. Laubblätter der Wildformen sind grün; je nach Kultursorte können sie vollständig grün sein oder grünweiße bis grüngelbe Streifen aufweisen. Bekannt sind vor allem die Schopfartige Grünlilie *(Chlorophytum comosum)* und die Hohe Grünlilie *(Chlorophytum elatum)*. Es sind Rosettenpflanzen mit langen, linealischlanzettlichen, zugespitzten Blättern. Die Blütenstandsachsen, die bis zu einen Meter lang werden können, tragen außer weißen Blüten zahlreiche wurzelbildende Jungpflanzen.

GRÜNLING Der Grünling *(Tricholoma equestre)* gehört zu den Lamellenpilzen aus der Gattung der Ritterlinge. Synonyme für den Grünling sind Edelritterling und Echter Ritterling. Sein Name stammt von der gelbgrünen Farbe des Hutes. Verwechslungen mit minderwertigen bis giftigen *Tricholoma-* und *Cortinarius*-Arten sowie mit dem Grünen Knollenblätterpilz sind möglich. Der Grünling ist recht selten und vorwiegend in Nadelwäldern zu finden, bevorzugt auf Sandböden und unter Kiefern. Bis zur Veröffentlichung einer französischen Studie im Jahr 2001 war der Grünling ein geschätzter Speisepilz. Allerdings reagierten empfindliche Personen auf das im Pilz enthaltene Muskeltoxin *(Cycloprop-2-encarbonsäure)* mit Muskelschwäche. Eine Muskelschwäche kann leicht bis tödlich verlaufen. Weitere Untersuchungen und daraus folgende wissenschaftliche Erkenntnisse führten dazu, dass der Grünling von der Liste der Speisepilze gestrichen wurde.

→ Grüner Knollenblätterpilz, S. 36

GRÜNPFLANZEN Der Biocomputer unseres Gehirns assoziiert in der Regel den Begriff »Pflanzen« mit dem Wort »grün«. Doch nicht alle Pflanzen sind grün und belaubt. Zu den Pflanzen, die nicht grün sind, gehören Bakterien, Pilze, Rotalgen und bestimmte Flechten. Grünpflanzen zeichnen sich dagegen tatsächlich durch die grüne Farbe ihrer Blätter aus, die durch das Blattgrün (Chlorophyll) bedingt ist. Das Blattgrün befähigt Pflanzen dazu, Kohlendioxid zu assimilieren, wobei Sauerstoff freigesetzt wird. Ohne Grünpflanzen wäre tierisches und menschliches Leben, das auf die Assimilation von Sauerstoff angewiesen ist, nicht möglich.

→ Blattgrün, S. 32

IMMERGRÜN, SOMMERGRÜN, WINTERGRÜN Bei den Holzpflanzen unterscheidet man zwischen immergrünen und sommergrünen Gewächsen. Deutlich wird dies an zwei Beispielen: Die Zeder ist immergrün, die Lärche ist sommergrün. Man spricht von submediterranen sommergrünen Laubwäldern, von mediterranen immergrünen Hartlaubgehölzen und von europäischen immergrünen Nadelwäldern. Wintergrün *(Pyrola)* wird eine Pflanzengattung mit etwa 30 Arten in der Familie der Heidekrautgewächse *(Ericaceae)* genannt. Sie behält auch im Winter ihre grünen Blätter.

ZOOLOGIE

GRÜNE BLATTWESPE Die in Mitteleuropa überall anzutreffende Grüne Blattwespe *(Rhogogaster viridis)* fällt durch ihre smaragdgrüne Färbung auf. Sie hält sich gern an Buschwerk und Sträuchern auf. Hier macht sie Jagd auf andere Insekten, die sie kauend verzehrt.

zoologische Klassifikation

Ordnung: Hautflügler *(Hymenoptera)*
Unterordnung: Pflanzenwespen *(Symphyta)*
Überfamilie: Blattwespen *(Tenthredinoidea)*
Familie: Eigentliche Blattwespen *(Tenthredinidae)*

GRÜNE EICHENEULE Die Grüne Eicheneule *(Dichonia aprilina)* ist ein in Europa weit verbreiteter Schmetterling (Nachtfalter). Eine Futterpflanze der Raupen ist die Eiche, aber auch Esche, Buche und Pappel gehören zur Nahrung der Grünen Eicheneule. Der zweite Teil ihres wissenschaftlichen Namens, *aprilina*, ist vom lateinischen Wort *aprilis* (= April) abgeleitet, da ihre grüne Farbe angeblich dem des frischen Aprilgrüns ähnelt.

GRÜNE HEIDELBEEREULE Die Grüne Heidelbeereule *(Anaplectoides prasina)* ist ein in Europa und Amerika weit verbreiteter Nachtfalter aus der Familie der Eulenfalter *(Noctuidae)*. Futterpflanzen der Raupen sind niedrig wachsende Pflanzen wie Heidelbeere, Brombeere, Vogelknöterich und Ampfer. Während frische Falter noch eine deutliche grüne Farbe aufweisen, sind abgeflogene Falter eher bräunlich.

GRÜNE JUNGFER Die Grüne Jungfer wird in die zoologische Ordnung der Libellen eingruppiert.

Ordnung: Libellen *(Odonata)*

Unterordnung: Großlibellen *(Anisoptera)*

Familie: Edellibellen *(Aeshnidae)*

Die Grüne Jungfer, genauer gesagt die Blaugrüne Mosaikjungfer *(Aeshna cyanea)*, gehört also zu den Großlibellen und ist eine der auffälligsten Gestalten im ganzen Insektenreich. Libellen sind sogenannte Augentiere, da ihre Augen einen Großteil der Kopfoberfläche einnehmen. Die geschickten Flieger können eine Höchstgeschwindigkeit von bis zu 100 km/h erreichen. Sie tun überhaupt vieles im Fliegen, so z. B. das Fangen der Beute und selbst das Paaren. HERMANN LÖNS (1866–1914) nannte die Libellen Sommerboten und Sonnenkünder. Der Libellenforscher HANS SCHIEMENZ (1920–1990) räumte in seinem Libellenbuch mit dem Aberglauben eines gefährlichen giftigen Stichs auf: »Libellen stechen nicht! Nimm sie ruhig in die Hand, es passiert dir nichts.«

GRÜNER BAUMPYTHON Der Grüne Baumpython *(Chondropython viridis)* lebt in den tropischen Regenwäldern auf Neuguinea und im nordöstlichen Australien. Seine Körperlänge beträgt bis zu 2 Meter. Der Grüne Baumpython schläft meist während des Tages und jagt in der Nacht. Er kann in der Dunkelheit seine Beutetiere wie Vögel, Eidechsen und Nager in bis zu 1,2 Meter Entfernung ausmachen. In seiner Oberlippe besitzt er Sensoren, die auf Temperaturunterschiede von weniger als 0,001° C reagieren. Zudem häutet er sich etwa alle sechs Wochen. Eine Eigenart des Grünen Baumpython ist seine komplette Umfärbung: Sind junge Tiere noch leuchtend gelb, zeichnen sich adulte Tiere durch einen sattgrünen Farbton aus, der in vielen verschiedenen Schattierungen auftreten kann.

GRÜNER LIPPFISCH Geschlechtervielfalt und Geschlechterwechsel lassen sich im Tierreich gut nachweisen. Ein Beispiel hierfür sind Lippfische oder *Labridae*, eine zu den Barschartigen Fischen *(Percomorphaceae)* gehörende Familie mit wulstigen Lippen, kräftigen Zähnen und einer auffallenden Färbung. Sie kommen überwiegend in tropischen und subtropischen Küstengewässern vor, aber auch in europäischen Gewässern. Eine Spezies ist der Grüne Lippfisch *(Labrus viridis)*. Wie farbenfreudig diese Fischfamilie ist, kann man an den Namen weiterer Familienmitglieder erkennen: Goldmaid, Pfauen-Lippfisch, Fünfflecken-Lippfisch, Meerjunker, Meerpfau oder Seepapagei. Ein auffallendes Verhalten zeigt der Putzer-Lippfisch, der im tropischen Indopazifik lebt und von anderen Fischen Hautparasiten absammelt, daher sein Name. Fast alle Lippfische wechseln in ihrem Lebenszyklus ihr Geschlecht.

GRÜNER SEEIGEL Grüner Seeigel ist eine der volkstümlichen Bezeichnungen für den essbaren Seeigel *Strongylocentrotus droebachiensis,* wobei sich der Zusatz zum Gattungsnamen, der die Art spezifiziert, von der norwegischen Stadt Drøbak ableitet. Er ist in allen nördlichen Meeren anzutreffen, etwa vor den Küsten Kanadas, Islands und Skandinaviens. Die Eier der Seeigel und ihre Geschlechtsdrüsen, auch Zungen genannt, gelten in manchen Landesküchen als große Delikatessen. Die Stacheln der Seeigel bestehen aus dem Mineral Kalzit; sie sitzen auf kleinen Gelenkhöckern und sind durch Muskeln in alle Richtungen beweglich. Ihr Hauptzweck ist der Schutz vor Räubern wie Seesternen, Schnecken und Fischen.

GRÜNE SAMTSCHNECKE Grüne Samtschnecke ist der volkstümliche Name von *Elysia viridis,* einer Nacktschnecke.

zoologische Klassifikation

Ordnung: Hinterkiemerschnecken *(Opisthobranchia)*
Unterordnung: Schlundsackschnecken *(Sacoglossa)*
Familie: *Placobranchidae*

Die Grüne Samtschnecke lebt im Meer und ist an den europäischen Küsten verbreitet. Sie besitzt ein einziges Paar eingerollter Fühler. Ihre Futterpflanze ist die Alge; die Chloroplasten aus den Algenzellen werden jedoch nicht verdaut. Diese betreiben auch im Körper der Schnecke weiterhin Fotosynthese und sorgen damit für die Färbung des Tieres. Das Grün des samtartigen Körpers kann von hellgrün über dunkelgrün bis dunkelbraungrün oder schwarzgrün variieren.

→ Blattgrün, S. 32

GRÜNES BLATT Das Grüne Blatt ist ein in Zentral- und Nordeuropa weitverbreiteter Nachtfalter *(Geometra papilionaria)* aus der Familie der Spanner *(Geometridae).* Futterpflanzen der Raupen sind Birken, Buchen, Erlen, Hasel und Ginster. Junge Tiere haben eine leuchtend tiefgrüne Farbe, die im Alter verblasst und sich ins Blaugrüne entwickelt.

GRÜNE SCHMETTERLINGE Die rund 150 000 verschiedenen Arten der Schmetterlinge bzw. *Lepidoptera* (Schuppenflügler, abgeleitet von den griechischen Wörtern *lepis* = Schuppe und *pteron* = Flügel), zu denen auch die Falter zählen, sind sehr vielfältig. So reichen ihre Flügelspannweiten von 2 Millimetern bis zu 30 Zentimetern, was länger als ein DIN-A4-Blatt ist. Unter ihnen finden sich auch solche Spezies mit dem

🖼 Der Grüne Baumpython *(Morelia viridis)* kann eine Länge von 2 Metern erreichen, S. 48/49

Adjektiv »grün« im Namen. Hierzu gehören: Grünes Blatt, Grüneule, Grüne Eicheneule, Grüne Heidelbeereule, Grünlicher Heufalter und Grünwidderchen (siehe Einträge).

GRÜNES HEUPFERD Es ist zwar grün, frisst aber kein Heu und es ist auch kein Pferd. Gemeint ist die Heuschrecke, die wie folgt einzuordnen ist:

zoologische Klassifikation

Ordnung: Heuschrecken *(Orthoptera)*
Unterordnung: Langfühlerschrecken *(Ensifera)*
Überfamilie: Laubheuschrecken *(Tettigonioidea)*
Gattung: Heupferde *(Tettigonia)*
Art: Grünes Heupferd *(Tettigonia viridissima)*

Das Grüne Heupferd *(Tettigonia viridissima)* zählt zu den auffälligsten, häufigsten und bekanntesten Laubheuschrecken. Das leuchtende Grün dieses Tieres, das in seinem lateinischen Namen zum Superlativ erhoben ist, stellt kein mit der Nahrung aufgenommenes Blattgrün dar, sondern ist ein vom Insekt selbst gebildeter Farbstoff. Die Flügeldecken des Grünen Heupferds sind so lang, dass sie den Hinterleib weit überragen. Die größten unserer Laubheuschrecken, wozu das Grüne Heupferd zählt, beißen und erbrechen zugleich ihren braunen Magensaft, wenn man sie in die Hand nimmt.

→ Blattgrün, S. 32

GRÜNEULE Eulen sind Nachtfalter *(Noctuidae),* deren Familie etwa 20 000 Arten umfasst, die über die ganze Erde verbreitet sind. Zwei Eulen sollen hier explizit erwähnt werden. Die eine ist die Grüneule *(Calamia tridens),* so genannt wegen der intensiv grünen Flügelfarbe der frisch geschlüpften Falter, die bei Eulen nur sehr selten vorkommt. Die andere ist die Brasilianische Rieseneule *(Thysania agrippina),* die gemessen an ihrer Flügelspannweite, die bis zu 30 Zentimeter erreichen kann, als der größte Schmetterling der Erde gilt.

GRÜNE VÖGEL Zu den bekannten grünen Vögeln gehören der Grünspecht, der Grünfink und grüne Papageien. Doch staunt der Laie, wenn ihm gesagt wird, dass es weltweit über 50 Vogelarten gibt, die das Prädikat »grün« in ihrem populären Namen tragen. An dieser Stelle soll sich auf eine Liste beschränkt werden, die die volkstümlichen Namen den wissenschaftlichen (Gattung oder Art) gegenüberstellt. Neugierig gewordene Leser werden es so leicht haben, in den großen und bekannten Nachschlagewerken über die Tierwelt wie z. B. *Brehms Tierleben* oder *Grzimeks Tierleben* ihren Wissensdurst zu stillen.

Namen grüner Vögel

volkstümlicher Name	wissenschaftlicher Name
Grünarassaris	*Aulacorhynchus*
Grünastrild	*Estrilda melanotis*
Grünbartvögel	*Megalaima*
Grünbauch-Augastes	*Augastes lumachellus*
Grünbaumhopf	*Phoeniculus purpureus*
Grünbindenspecht	*Colaptes melanochloros*
Grünbrauner Eisvogel (Zweifarbenfischer)	*Chloroceryle inda*
Grünbürzel-Sperlingspapagei	*Forpus passerinus*

volkstümlicher Name	wissenschaftlicher Name
Grün-Cochoa	*Cochoa viridis*
Grüne Manukode	*Manucodia chalybatus*
Grüner Jery	*Neomixis viridis*
Grüner Sperlingspapagei	*Nannopsittaca panychlora*
Grüner Tropfenastrild	*Mandingoa nitidula*
Grüner Veilchenkolibri	*Colibri thalassinus*
Grüne Zwergglanzente	*Nettapus pulchellus*
Grünfischer	*Chloroceryle*
Grünflügelara	*Ara chloroptera*
Grünflügel-Trompetervogel	*Psophia viridis*
Grünhelmturako	*Tauraco persa*
Grünkardinal	*Gubernatrix cristata*
Grünkehlspint, Smaragdspint	*Merops orientalis*
Grünkitta	*Cissa chinensis*
Grünkleidervögel	*Psittirostrinae, Viridonia*
Grünköpfchen	*Agapornis swinderniana*
Grünkopfliest	*Halcyon chloris*
Grünkopfpirol	*Oriolus chlorocephalus*
Grünkotinga	*Pipreola*
Grünlaubenvogel	*Ailuroedus crassirostris*
Grünlaubsänger	*Phylloscopus trochiloides*

volkstümlicher Name	wissenschaftlicher Name
Grünling/Grünfink	*Chloris chloris / Carduelis chloris*
Grünorganisten	*Chlorophonia*
Grünreiher	*Butorides virescens*
Grünrückenbekarde	*Pachyramphus viridis*
Grünrücken-Camaroptera	*Camaroptera brachyura*
Grünrücken-Nektarvogel	*Cinnyris jugularis*
Grünscheiteljakamar	*Galbula cyanescens*
Grünscheitelracke	*Coracias caudatus*
Grünschenkel	*Tringa nebularia*
Grünschnabel-Faulvogel	*Nystalus radiatus*
Grünschwanz-Glanzfasan	*Lophophorus ihuysii*
Grünschwanz-Glanzstar	*Lamprotornis chalybaeus*
Grünschwanzjakamar	*Galbula galbula*
Grünschwanz-(/Bambus-) Papageiamadine	*Erythrura hyperythra*
Grünspecht	*Picus viridis*
Grünspecht, Kubanischer	*Xiphidiopicus percussus*
Grüntangare	*Tangara gyrola*
Grüntauben	*Treron*
Grüntodi (Jamaikatodi)	*Todus todus / Todus viridis*
Grünmanteltrogon	*Trogon viridis*

GRÜNFINK Der Grünfink oder Grünling *(Chloris chloris /*
Carduelis chloris) gehört zur Familie der Finkenvögel *(Frin-*
gillidae) und ist ein olivgrüner Singvogel, der an den Flügeln
und am Schwanz gelb markiert ist. Er lebt in Parks, Gärten
und lichten Wäldern. Der Grünfink zeichnet sich durch seine rein vegetarische Kost aus. Er frisst Samen, Pflanzenteile,
Knospen, Beeren und Früchte.

GRÜNKNOCHEN Der Grünknochen ist ein Synonym für
den Gewöhnlichen Hornhecht *(Belone belone)*, der auf der
Insel Rügen als eine beliebte Fischspezialität gilt. Der Name
beruht darauf, dass die Gräten, die nach dem Verzehr übrig
bleiben, eine leuchtend grüne Farbe zeigen.

GRÜNLAUBSÄNGER Die Laubsänger (Gattung *Phylloscopus)*
sind kleine, meist grünlich oder gelblich gefärbte Singvögel
aus der Familie der Laubsängerartigen *(Phylloscopidae)*. Der
streng geschützte Vogel ist ein Bewohner von Waldrändern
und lichten Wäldern. Er findet sich in der mittleren und süd-
lichen Taiga, in Mischwäldern vom östlichen Mitteleuropa
bis zum Pazifik sowie in Nadelwäldern im zentralasiatischen
Hochgebirge. Der Grünlaubsänger *(Phylloscopus trochiloides)*
hat seinen Lebensraum in den letzten Jahrzehnten stark
nach Westen ausgedehnt, sodass sich die äußere Westgrenze
seiner Verbreitung zurzeit in Mecklenburg-Vorpommern
befindet. Die Grünlaubsänger gehören zu den sogenannten
Langstreckenziehern unter den Zugvögeln und überwintern
in Indien.

🖼 Die Qualle
Aequorea victoria
verfügt über ein grün
fluoreszierendes
Protein, S. 55

GRÜNLICHER HEUFALTER Der Grünliche Heufalter *(Colias*
phicomone) aus der Familie der Weißlinge *(Pieridae)* ist ein
in den Pyrenäen, Nordspanien und den Alpen verbreiteter
Schmetterling. Futterpflanzen der Raupen sind Luzernen,

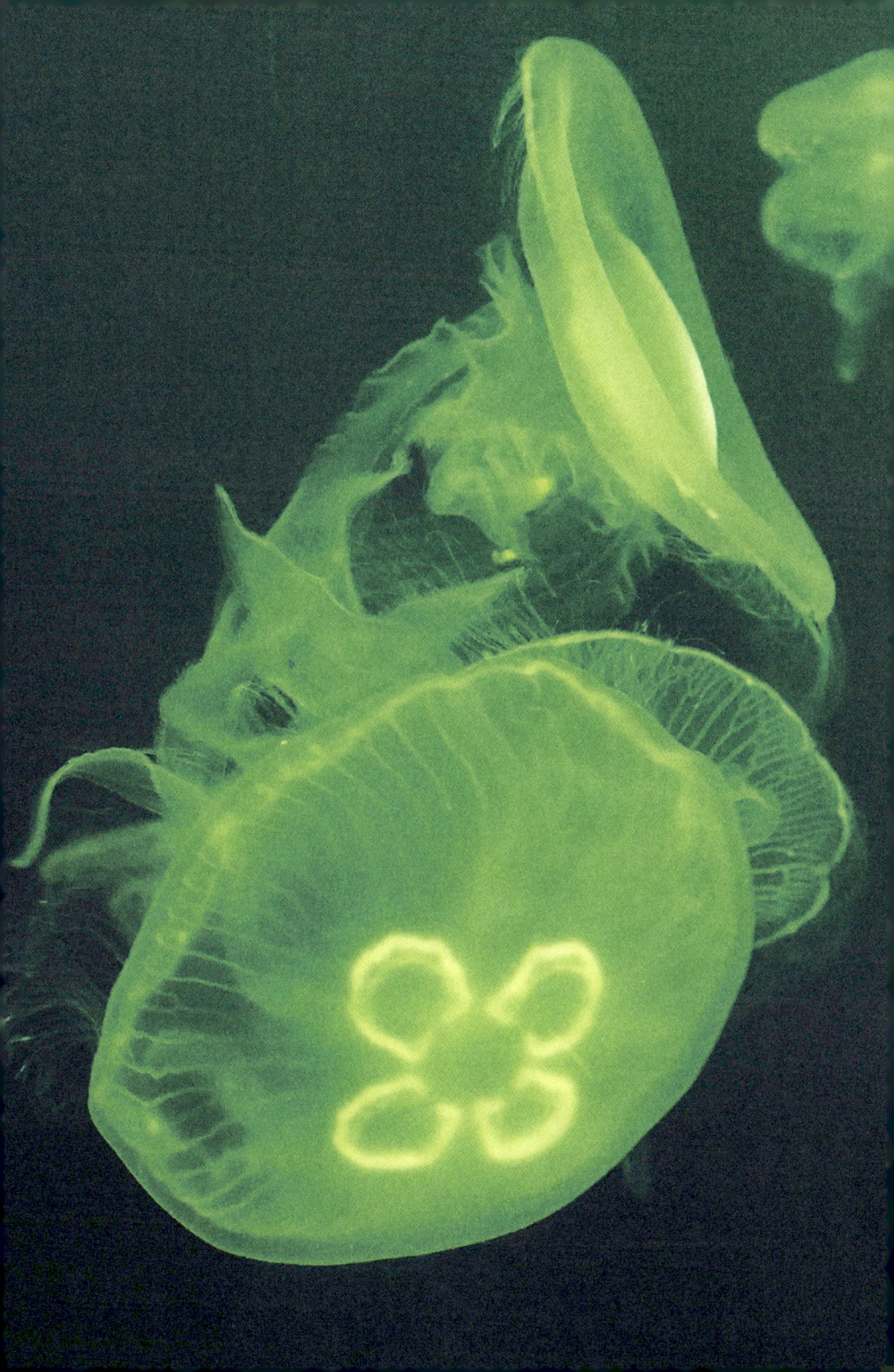

Wicken und verschiedene andere Wiesenblumen. Die dunkle Beschuppung der sonst gelben Flügeloberseite führt zu einer dunkelgrünlichen Gesamtfärbung der männlichen Falter. Seinen wissenschaftlichen Namenszusatz *phicomone* hat der Grünliche Heufalter laut GUSTAV DE ROSSI (1838–1903) von einer der Nymphen, die in der griechisch-römischen Mythologie die Göttin ARTEMIS/DIANA begleiten.

GRÜNLIPPMUSCHEL Die zu den Miesmuscheln *(Mytilidae)* gehörige Grünlippmuschel *(Perna canaliculus)*, auch als Grünschalmuschel bekannt, lebt in den Gewässern um Neuseeland und wird dort auch in Aquakulturen gezüchtet. Der Name leitet sich von den grünen Schalenrändern ab. Die Muschel wird als Feinkost angeboten und ist in Deutschland unter der Bezeichnung Neuseeländische Grünschalmuschel erhältlich. Zudem wird die Grünlippmuschel gefriergetrocknet und gemahlen als Nahrungsergänzungsmittel in Form von Kapseln und Tabletten angeboten. Durch die in ihr enthaltenen Glykosaminglykane, die auch in der Synovialflüssigkeit (Gelenkschmiere) des Menschen zu finden sind, sollen sie Gelenkbeschwerden vorbeugen.

GRÜNREIHER Der Grünreiher *(Butorides virescens)* verdankt seinen Namen seinem grünblauen Rücken und den ebensolchen Flügeln. Einige seiner Körperteile wechseln in der Brutzeit ihre Farbe: Die gelbe Iris wird orangefarben, die gelben Beine korallenrot. Er ist klein und kurzbeinig und lebt hauptsächlich in östlichen und mittleren Teilen der USA sowie in Mittelamerika und in der Karibik. Der Grünreiher wartet wie alle seine Artgenossen geduldig im flachen Wasser oder auf einem Ast, um kleinen Fischen, Fröschen, Krebstieren und Insekten aufzulauern. Was ihn allerdings von anderen Reihern unterscheidet, ist die Eigenschaft,

Köder auf der Wasseroberfläche auszulegen, um seine Beute anzulocken.

GRÜNSCHENKEL Der Grünschenkel *(Tringa nebularia)* gehört zur Gattung der Wasserläufer *(Tringa)*. Diese langbeinigen, langschnäbeligen, kleinen bis mittelgroßen Watvögel brüten in Nordeuropa und überwintern zumeist in Afrika. In Mitteleuropa ist der Grünschenkel während seiner Zugzeiten in Sümpfen, Mooren, feuchten Wiesen sowie auf Schlick- und Schlammflächen der Küsten- und Binnengewässer zu beobachten. Der Grünschenkel kann schwimmen und tauchen. Seinen Namen trägt er wegen seiner grünen, den Schwanz im Flug deutlich überragenden Beine. Grünschenkel führen eine monogame Saisonehe.

GRÜNSPECHT Der an seinem olivgrünen Gefieder recht leicht zu erkennende Grünspecht *(Picus viridis)* besitzt eine rote Kopfzeichnung. Er bewohnt Laubwälder, Parks und größere Gärten. Obwohl die Spechte *(Picidae)* baumkletternde Vögel sind, die ihre Insektennahrung in erster Linie unter der Baumrinde oder in morschem Holz finden, ist der Grünspecht auf Ameisennahrung spezialisiert und daher viel am Erdboden anzutreffen. Im Winter lebt er vor allem von der roten Waldameise, in deren gefrorene Ameisenhaufen er bis zu einen Meter tiefe Löcher hackt. In sehr strengen Wintern verhungern viele Grünspechte.

GRÜNTAUBE Die Grüntaube *(Treron)* ist eine grüngefiederte Gattung der Taubenvögel *(Columbiformes)*, die zu den sogenannten Fruchttauben *(Treroninae)* gehört. Anders als die meisten Wildtauben sind Grüntauben Baumbewohner, die sich nur zum Trinken auf dem Boden aufhalten. Zu ihrer Nahrung gehören vorzugsweise Feigen und Maulbeeren.

Während die Samenkerne der Feigen im Muskelmagen der Grüntaube zerrieben und mitverdaut werden, werden die Samen von den sogenannten Eigentlichen Fruchttauben unverdaut wieder ausgeschieden.

GRÜNWIDDERCHEN Die Widderchen (Familie *Zygaenidae*) werden zwar nach dem allgemeinen Sprachgebrauch den Nachtfaltern zugeordnet, umfassen aber sehr viele tagfliegende Arten, die sich durch bunte Farben auszeichnen und auch darin den Tagfaltern ähneln. Sie sind mit zahlreichen Arten in den Tropen vertreten. Das mit grünglänzenden Vorderflügeln ausgestattete Gemeine Grünwidderchen *(Adscita statices)* ist allerdings ein Nachtfalter, der in Europa weit verbreitet ist. Seine Futterpflanzen sind der große und der kleine Ampfer. Nützlich für manche Tagfalter ist die große Ähnlichkeit mit den für Insektenfresser ungenießbaren Widderchen. Sie werden deshalb von ihren Feinden gemieden. Diese Art der Nachahmung (engl. *mimicry*) einer Tarn- bzw. Warnfärbung nennt man nach dem britischen Naturforscher HENRY WALTER BATES (1825–1892) Bates'sche Mimikry.

MEDIZIN
UND
PHARMAZIE

GALLENGRÜN Gallengrün *(Biliverdin)* ist ein dunkelgrüner Farbstoff, der als Zwischenprodukt des Häm-Abbaus in der Galle gebildet wird. Das Häm ist eine sauerstoffbindende Komplexverbindung, die im Hämoglobin vorkommt, das wiederum für den Sauerstofftransport im Blut verantwortlich ist. Die wissenschaftliche Bezeichnung des Gallengrüns stammt von den lateinischen Wörtern *bilis* (= Galle) und *viridis* (= grün). In der Natur findet sich Biliverdin als Farbpigment in grünen bis blauen Eierschalen bestimmter Vögel sowie in den grünen Gräten von Fischen wie denen der Aalmutter-Arten.

GRÜNBLINDHEIT, GRÜNSCHWÄCHE, ROT-GRÜN-BLINDHEIT

→ Grün, S. 13

Für die Wahrnehmung von Farben sind die Zapfen der Netzhaut verantwortlich, wobei zwischen Grünzapfen, Rotzapfen und Blauzapfen unterschieden wird. Bei Grünschwäche ist der Grünzapfen degeneriert, bei Grünblindheit fehlt der Grünzapfen völlig, sodass Grüntöne schlechter bzw. gar nicht wahrgenommen werden. Die Rot-Grün-Schwäche bzw. Rot-Grün-Blindheit ist entsprechend eine Farbfehlsichtigkeit, bei der die Farben Grün und Rot teilweise oder gar nicht unterschieden werden können. Alle genannten Sehstörungen sind erblich bedingt und treten sehr viel häufiger bei Männern als bei Frauen auf.

GRÜNE DROGEN Sowohl bei den Drogen im herkömmlichen Sinne als auch bei den Drogenzubereitungen findet man das Wort »Grün« als differenzierendes Adjektiv. Das Wort »Droge« leitet sich ursprünglich vom niederländischen *droog* (= trocken) ab. Über das französische *drogue* (= Arznei) gelangte es in viele europäische Sprachen und bezog sich lange auf vornehmlich nichtflüssige, also trockene tierische, pflanzliche oder mineralische Rohstoffe, aus denen

Arzneimittel zubereitet wurden. Insofern ist der heutige Gebrauch des Wortes zur Bezeichnung von Rauschgiften relativ neu. Eine Auswahl an heute obsoleten Drogen, die das Adjektiv in ihrem Namen führen, findet sich in der folgenden stichwortartigen Liste.

Auswahl an heute obsoleten Drogen

Grün, Amerikanisches	Grünes Öl
Grün, Charvins	Grünes Pflaster
Grün, Chinesisches	Grünes Sandelholz
Grün, Dreimal	Grünes Sehnenöl
Grüne Bärwurz	Grünes Siegelwachs
Grüne Borstenhirse	Grünes Vitriol
Grüne Christwurz	Grünes Wachs
Grüne Grendiertropfen	Grünbeeren
Grüne Minze	Grüneisen
Grüne Nieswurz	Grünerle
Grüne Orangen	Grüngeist
Grüne Pomeranze	Grünholz
Grüne Rossminze	Grünholzkerne
Grüne Umschlagkräuter	Grünholzkraut
Grüner Balsamtee	Grünkrautsamen
Grüner Giftwulstling	Grünkrautwurzel
Grüner Nieswurzelstock	Grünminze
Grüner Senf	Grünminzöl
Grünes Apostelöl	Grünöl
Grünes Ebenholz	Grünpulver
Grünes Fett	Grünsaatspiritus
Grünes Flanellpflaster	Grünspiritus
Grünes Flussverbandpflaster	Grünumschlagskräuter
Grünes Lungenkraut	Grünwollöl
Grünes Mulljenpflaster	Grünwurzelkraut

GRÜNE KANTHARIDEN Grüne Kanthariden sind vor allem unter der Bezeichnung »Spanische Fliegen« bekannt. Allerdings sind sie keine Fliegen, sondern Käfer, was auch in den Synonymen Blasenkäfer und Pflasterkäfer zum Ausdruck kommt. Lateinische Synonyme sind *Cantharides, Cantharis hispanica* und *Muscae hispanicae*. Spanische Fliegen sind 1,5 bis 3 Zentimeter lang und 5 bis 8 Millimeter breit. Sie glänzen grün und besonders in der Wärme blauschillernd. Ihre volkstümliche Berühmtheit erlangten die Grünen Kanthariden als Aphrodisiakum. Im Mittelalter waren Kanthariden Bestandteil vieler Liebestränke. Vermutlich wurde die aphrodisische Wirkung aus dem Auftreten von Dauererektionen bei Männern und Blutandrang im Becken von Frauen im Verlaufe schwerer Kanthariden-Vergiftungen abgeleitet. Klinische Beobachtungen konnten eine Potenz oder Libido fördernde Wirkung allerdings nicht bestätigen. Kanthariden enthalten das toxische Cantharidin, das neben vielen anderen Effekten auch blasenziehend wirkt, weswegen es früher in sogenannten Spanischfliegen-Pflastern *(Emplastrum Cantharidum ordinarium)* zum Einsatz kam.

GRÜNE KITTEL Warum tragen Ärzte und Operationsschwestern im OP grüne Kittel statt wie früher weiße? Die Farbe Weiß symbolisiert Reinheit, Hygiene und Sterilität. Darum tragen Ärzte, medizinisches Personal und übrigens auch Köche und Friseure weiße Berufskleidung. Dass sich die Farbe Grün im Operationssaal als günstig erwiesen hat, hängt mit ihrer beruhigenden und ausgleichenden Wirkung auf das Gemüt zusammen. Chirurgen müssen oft stundenlang angespannt und sehr konzentriert arbeiten; die grüne Farbe soll ihnen dabei helfen. Ein weiterer Vorteil hat mit dem sogenannten Nachbild-Effekt zu tun. Betrachtet man ein Objekt für eine längere Zeit und schaut dann auf eine

→ Grün als Farbe der Harmonie, S. 145

weiße Fläche, sieht man dort ein Nachbild des Objekts – und zwar in dessen Komplementärfarbe. Das Nachbild eines roten Objekts (Blut oder eine Operationswunde) wäre also der Komplementärfarbe entsprechend grün. Dieses Nachbild kann besonders durch grüne Operationskleidung unterdrückt werden.

→ Grün als Komplementärfarbe, S. 146

GRÜNE NIESWURZ In der Unterfamilie *Helleboroideae,* die zur Familie der *Ranunculaceae* gehört, unterscheidet man drei Helleborusarten – wobei das »L.« am Ende der Namen auf die Benennung durch den weltberühmten schwedischen Botaniker CARL VON LINNÉ (1707–1778) verweist:

Helleborus foetidus L. Stinkende Nieswurz

Helleborus niger L.   Schwarze Nieswurz, Christrose, Schneerose

Helleborus viridis L. Grüne Nieswurz, Bärenfuß

In der Volksheilkunde wurde jeweils der getrocknete Wurzelstock der Pflanzen genutzt. Synonyme für den grünen Nieswurzelstock sind Grüne Bärwurz, Grüne Christwurz und Grüne Nieswurz. Die enthaltenen Alkaloide reizen die Schleimhaut und fördern Brechreiz und Durchfall; die Toxizität der Droge ist jedoch erheblich. Eingesetzt wurde der Grüne Nieswurz bei Verstopfung, Übelkeit und Wurmbefall. Da die Wirksamkeit in den genannten Gebieten nicht belegt werden kann, ist die Anwendung der Droge abzulehnen.

GRÜNE NUSSSCHALEN Grüne Nussschalen *(Juglandis fructus cortex)* werden auch Grüne Walnussschalen oder Grünwalnussschalen genannt. Gemeint ist hierbei die äußere grüne Schale der Walnuss, die bei reifen Früchten aufplatzt. Die

enthaltenen Gerbstoffe färben die Haut dunkel, was man beobachten kann, wenn man die Nüsse mit bloßer Hand aus den grünen Schalen löst. Wässrige und wässrigalkoholische Auszüge werden deshalb zum Braunfärben der Haare und der Haut verwendet. Die als Nüsse bezeichneten Früchte des Walnussbaums *(Juglans regia)* sind eigentlich seine Samen. Die Samen des Baums finden sich in unreifem, d. h. grünem Zustand, zur innerlichen Anwendung in köstlichem Likör, zur äußerlichen Anwendung in manchen UV-Filter-haltigen Sonnenschutzmitteln wieder.

GRÜNE ORANGEN Als Grüne Orangen werden die unreifen Pomeranzen bezeichnet; ihr offizieller (arzneilicher) Name lautet *Fructus aurantii immaturi.* Stammpflanze ist die Bitterorange *(Citrus aurantium L.).* Grüne Orangen sind fast kugelige, sehr harte dunkelgrüne bis bräunlichgraue Früchte. Verwendung findet die Droge als *Amarum aromaticum* zur → grüne Drogen, S. 60 Anregung der Magensaftsekretion und damit des Appetits. Eine andere Zitrusfrucht, die in Arzneien zum Einsatz kommt, ist die Grapefruit *(Citrus paradisi),* eine Kreuzung von Orange *(Citrus sinensis) und* Pampelmuse *(Citrus maxima).* Spezielle Inhaltsstoffe der Grapefruit, die Furanocumarine, wirken hemmend auf arzneistoffabbauende Enzyme. Dadurch kommt es zur verlangsamten Eliminierung bestimmter Medikamente, woraus wiederum eine längere oder stärkere Wirkung resultiert.

GRÜNER HAFER Grüner Hafer wird in der Volksmedizin bei nervöser Erschöpfung und Schlaflosigkeit als Sedativum in Teeform angewendet. Dazu werden die grünen, oberirdischen Teile der Haferpflanze kurz vor der Vollblüte geerntet und getrocknet. Auch frische, blühende Pflanzen können mit Wasser aufgebrüht werden.

🖼 Vertikaler Wald in der chinesischen Millionenmetropole Chengdu, S. 64

GRÜNER STAR Grüner Star *(Glaukom)* ist eine Bezeichnung für Augenerkrankungen mit zeitweise oder permanent erhöhtem Augeninnendruck als Leitsymptom. Die Namensgebung beruht auf dem dabei in Erscheinung tretenden grünlichen Reflex der Linse.

GRÜNER TÜRKE Grüner Türke, Roter Libanese, Schwarzer Afghane, Gelber Marokkaner sind verschiedene und unterschiedlich starke Haschischsorten. Hierunter versteht man das Harz der weiblichen Cannabispflanze (*Cannabis sativa* L. *var. indica,* eine aus Westindien stammende Hanfvarietät), das vorwiegend aus den Drüsenschuppen der Pflanzen gewonnen wird. Gleiche und ähnliche Cannabinoide mit dem Hauptwirkstoff Tetrahydrocannabinol (THC) als halluzinogener Inhaltsstoff sind in Marihuana anzutreffen. Gemeint ist dabei das Cannabiskraut, das aus den getrockneten, blühenden oder schon fruchtenden Spitzentrieben der weiblichen und männlichen Hanfpflanze besteht. Von »Grünem Gold« spricht man, wenn es um die Vermarktung von Cannabisprodukten geht. Deren Hauptinhaltsstoff, das Cannabidiol, gilt als angstlösend, antispasmotisch (entkrampfend), Übelkeit verhindernd, analgetisch (schmerzstillend) und antipsychotisch.

GRÜNE SALBEN In alten Arzneibüchern findet man einige Salben, die das Adjektiv »grün« in ihrem Namen tragen:
Grüne Butter (Majoransalbe, *Unguentum Majoranae*): Die aus getrocknetem Majoran, Weingeist und Butter (früher) oder weißer Vaseline (heute) hergestellte Salbe soll krampflösend und entzündungshemmend wirken.
Grüne Muttersalbe (Grüne Nervensalbe, *Unguentum nervinum,* oder Grüne Pappelsalbe, *Unguentum Populi*): Grüne Muttersalbe wurde aus einem Teil zerstoßener frischer

Pappelknospen und zwei Teilen Schweineschmalz zubereitet und zum Schutz und zur Pflege rauer, rissiger oder entzündeter Haut angewendet.

Grünspansalbe *(Ceratum Aeruginis)*: Grünspansalbe besteht aus basischem Kupfer(II)-acetat, das früher als Malerfarbe und zur Mehltaubekämpfung zum Einsatz kam. Erstaunlicherweise wurde es auch zur Heilung von Wunden und Geschwüren verwendet. Wegen seiner giftigen Inhaltsstoffe ist allerdings dringend davon abzuraten.

GRÜNES REZEPT Neben roten Rezepten kann ein Arzt auch grüne Rezepte ausstellen. Dies tut er dann, wenn er Medikamente aufschreibt, die eigentlich rezeptfrei und für den Patienten kostenpflichtig sind. Der Arzt macht damit deutlich, dass er diese Medikamente für die Gesundheit des Patienten für wichtig erachtet, was wiederum zu einer Therapietreue beim Patienten führen soll. Viele gesetzliche Krankenkassen erstatten die Kosten im Nachhinein ganz oder teilweise. Wenn die Krankenkasse die Kosten nicht übernimmt, kann das grüne Rezept bei der Steuererklärung eingereicht werden.

GRÜNHOLZFRAKTUR Der Begriff »Grünholzfraktur« leitet sich von der Biegsamkeit jungen, wachsenden Holzes ab. Er bezeichnet einen unvollständigen Bruch langer Röhrenknochen bei Kindern und Jugendlichen, bei dem der elastische Periostschlauch (Knochenhaut) erhalten bleibt. Durch eine Grünholzfraktur tritt keine Fragmentverschiebung, jedoch eine charakteristische und schmerzhafte Achsenknickung ein. Leichte Abknickungen werden in der Regel in wenigen Monaten spontan zurückgebildet. Bei stärkeren Verschiebungen ist eine manuelle Reposition (Rückverlagerung in die normale anatomische Lage) vonnöten.

→ Grünholz, S. 40

GRÜNSEHEN Grünsehen *(Chloropsie)* ist eine erworbene Farbsinnstörung, die durch bestimmte Medikamente oder Vergiftungen verursacht wird und beim Betroffenen dazu führt, dass er alle Farben mehr oder weniger grünlich sieht.

GRÜN UND BLAU SCHLAGEN »Er wurde grün und blau geschlagen«, sagt der Volksmund. Unfall- oder operationsbedingte Gefäßverletzungen führen zu Hämatomen (Blutergüssen). Das Blut ergießt sich in das Gewebe und nimmt infolgedessen verschiedene Farben an. Das dabei auftretende Grün beruht auf der Bildung von biliverdin- bzw. gallengrünähnlichen Produkten. Befindet sich das Hämatom im Bereich der Augen, so ist umgangssprachlich von einem Veilchen die Rede.

→ Gallengrün, S. 60

WINTERGRÜNÖL Das Wintergrünöl *(Oleum Gaultheriae)*, das auch als Gaultheriaöl bezeichnet wird, ist ein ätherisches Öl, das früher durch Wasserdampfdestillation aus den Blättern der Niederen Scheinbeere *(Gaultheria procumbens)* und aus der Rinde der Zucker-Birke *(Betula lenta)* gewonnen wurde. Medizinische Anwendung findet das Wintergrünöl in Form von Salben oder als Badezusatz bei Muskel-, Gelenk- und Gliederschmerzen sowie bei rheumatischen Erkrankungen. Zudem soll es bei Nervenunruhe und Stimmungsschwankungen helfen.

NATUR
UND
UMWELT

GRÜNDÜNGUNG Unter Gründüngung versteht man den gezielten Anbau und das anschließende Unterpflügen bestimmter Kulturpflanzen mit raschem Bodenbedeckungsvermögen und starker Wurzelung. Gründüngung ist eine effiziente und kostensparende Art, den Boden mit Humus anzureichern. Wegen der Fähigkeit, mithilfe von Knöllchenbakterien Luftstickstoff zu binden, eignen sich hierzu verschiedene Kleearten *(Trifolium repens, Trifolium hybridum, Trifolium pratense, Trifolium incarnatum)*, Esparsette *(Onobrychis viciifolia)*, Serradella *(Ornithopus sativa)*, Luzerne *(Medicago sativa)* sowie einige Lupinenarten *(Lupinus luteus* und *Lupinus angustifolius)*.

GRÜNE GRENZE Schön ist es, wenn internationale Landesgrenzen nicht durch Zäune oder Mauern abgesichert sind. Diese Abschnitte, die sich zwischen den offiziellen Grenzübergangsstellen erstrecken, werden grüne Grenzen genannt. Sie können auch durch oder entlang von Binnengewässern verlaufen.

GRÜNE GROTTE Die Grüne Grotte *(Grotta Verde)* ist eine beeindruckende Tropfsteinhöhle auf Sardinien, deren Stalaktiten von einer Patina aus Moosflechten überzogen sind und daher die Höhle in grünes Licht tauchen.

→ St. Patrick's Day – der grüne Tag der Iren, S. 184

GRÜNE INSEL Mit der Grünen Insel ist Irland gemeint, das diesen Namen zu Recht trägt. In Irland sorgt ein ausgeprägtes ozeanisches Klima für milde Winter, kühle Sommer und reichlich Niederschläge – es herrschen also beste Bedingungen für das Wachsen und Gedeihen grüner Pflanzen. Ausläufer des Golfstroms führen im Südwesten Irlands zudem zu subtropisch-mediterraner Vegetation mit Palmen. So scheint die Annahme völlig plausibel, dass der irische

Name der Insel, *Éire,* auf das altirische *íriu* zurückgeht, was
»fruchtbares Land« bedeutet.

GRÜNE KÜSTENSTRASSE Die Grüne Küstenstraße war eine
sogenannte Ferienstraße, wie speziell für den Tourismus ver-
marktete Reiserouten bezeichnet werden. Sie führte über
1750 Kilometer entlang der Nordseeküste von Belgien durch
die Niederlande, Deutschland und Dänemark bis hinauf
nach Norwegen.

GRÜNE LUNGEN Umgangssprachlich werden mit grünen
Lungen innerstädtische größere Parks oder zusammenhän-
gende Grünflächen bezeichnet, die der Erholung und der
Luftverbesserung dienen.

prominente grüne Lungen

- der Central Park in New York
- der Hyde Park in London
- der Tiergarten in Berlin
- der Englische Garten in München
- die Serra de Collserola in Barcelona

GRÜNE MAUER Die Grüne Mauer in China ist ein Auffors-
tungsprojekt, das durch den Anbau von Bäumen, Büschen
und Gräsern im Norden des Landes die Ausbreitung der
Wüsten und die zunehmenden Sandstürme verhindern soll.
Es erstreckt sich mittlerweile über eine Gesamtfläche größer
als die Bundesrepublik Deutschland. Sein Name spielt auf
die Chinesische Mauer an, ein ebenfalls von Menschenhand
errichtetes Bollwerk. Ein ähnliches, länderübergreifendes
Projekt gibt es in Afrika in der Sahelzone an der Grenze zur

Sahara, die *Great Green Wall* oder *Grande Muraille Verte* (= Große Grüne Mauer).

GRÜNER BRINK Der Grüne Brink ist ein Vogelschutzgebiet an der Nordküste der Insel Fehmarn, das zwischen Deich und Küste liegt und bereits seit 1938 unter Naturschutz steht. Bis zu 170 verschiedene Vogelarten, besonders Wasservögel, werden hier pro Jahr gesichtet.

GRÜNER GOCKEL Mit dem Grünen Gockel bzw. dem Grünen Hahn können sich evangelisch-lutherische Kirchengemeinden zertifizieren lassen, wenn sie Maßnahmen zur Entlastung der Umwelt ergreifen. Die Initiativen müssen kontinuierlich, systematisch und nachvollziehbar sein und werden von kirchlichen Umweltrevisoren geprüft. Der Grüne Gockel trägt somit zum Klimaschutz bei sowie zur Bewahrung der Schöpfung.

GRÜNER KNOPF Der Grüne Knopf ist ein staatliches Siegel, das Textilhersteller seit 2019 freiwillig auf ihren Produkten anbringen können, um dem Verbraucher schnell und einfach deutlich zu machen, dass es sich um ein nachhaltig hergestelltes Kleidungsstück handelt. Hierfür müssen 26 ökologische und soziale Anforderungen erfüllt sein: von Abwassergrenzwerten bis zum Zwangsarbeitsverbot.

GRÜNER KORRIDOR Als grüne Korridore bezeichnet man Landschaftsbänder aus Büschen und Bäumen, die isolierte Waldgebiete wieder miteinander verbinden. Sie sollen Wildtieren, etwa Wildkatzen, die Wanderung und Ausbreitung erleichtern. Der BUND (Bund für Umwelt und Naturschutz Deutschland) fördert mehrere dieser Pilotprojekte. Ein Zusammenhang besteht mit dem Grünen Band.

→ Grünes Band, S. 73

GRÜNER PUNKT Der Grüne Punkt ist ein 1991 eingeführtes internationales Symbol für die Wiederverwertung von Verpackungsmaterial. Er darf auf Verpackungen angebracht werden, wenn der Vertreiber sich an die Regelungen der Verpackungsordnung hält und sich im Vorfeld an der Finanzierung für die Sammlung, Sortierung und Verwertung der Verpackung beteiligt hat. In Deutschland werden Verpackungen mit dem Grünen Punkt im Gelben Sack, in der Gelben Tonne, in Altglascontainern oder in der Altpapiertonne gesammelt. Beim Design des Grünen Punkts – zwei in Kreisform miteinander verschlungene Pfeile – hat man sich am Ying-und-Yang-Zeichen der asiatischen Philosophie orientiert.

→ Grünglas, S. 19

GRÜNER TEPPICH Ein grüner Teppich bzw. französisch *tapis vert* ist ein typisches Element barocker Gärten: Ausgedehnte, schlichte Rasenflächen führen den Blick ins Weite und vermitteln ein Gefühl der Ruhe und Erhabenheit. Sie bilden einen Kontrast zu Bereichen, in denen niedrige Hecken, Blumen und bunte Kiesel verspielte Verzierungen bilden (Broderien, von französisch *broderie* = Stickerei) oder streng geometrisch gestutzte Bäume und hohe Hecken zu Achsen und geradezu architektonischen Räumen angeordnet sind (Boskette, von französisch *bosquet* = Wäldchen).

GRÜNES BAND Als Grünes Band bezeichnet man einen Grüngürtel, der entlang der alten Grenzen des Kalten Krieges zwischen den früheren Staaten des Ostblocks und denen des Westens verläuft. Es gibt ein Grünes Band Deutschland, das auf dem Gebiet der ehemaligen innerdeutschen Grenze von Travemünde bis zum Dreiländereck bei Hof führt (1400 Kilometer lang). Das Grüne Band Europa reicht vom Eismeer im Norden Norwegens bis hin zum Schwarzen

⊞ Pioniere und Überlebenskünstler: Flechten, Moose und Farne, S. 74/75

Meer in der Türkei (12 500 Kilometer lang). An diesen ehemaligen Grenzstreifen konnte sich relativ unberührte Natur entwickeln, die als Biotopverbund erhalten werden soll. Allein in Deutschland befinden sich hier bereits 150 Naturschutzgebiete, die 600 bedrohte Tierarten beherbergen wie beispielsweise den Schwarzstorch, den Eisvogel und den Fischotter.

GRÜNE STÄDTE UND GEMEINDEN IN DEUTSCHLAND Städte und Gemeinden, deren Namen den Wortstamm »grün« enthalten, gibt es in Deutschland in beträchtlicher Anzahl.

Städte und Gemeinden mit dem Wortstamm »grün«

Grün · Grüna · Grünach · Grünau · Grünaue · Grünbach
Grünberg · Grünbühl · Grünbusch · Gründau · Gründeich
Gründorf · Grünebach · Grüneberg · Grüneck · Grünefeld
Grünegg · Grünegras · Grüne Hütte · Grüneiche · Grüneishof
Grünemühle · Grünenbach · Grünenbaindt · Grünenbaum
Grünenberg · Grünenborn · Grünendeich · Grünenfurt
Grünengrase · Grünenhagen · Grünenhof · Grünenkamp
Grünenmoor · Grünenplan · Grünental · Grünenthal · Grünenwört
Grünenwulsch · Grüner Baum · Grünerdeich · Grüner Hirsch
Grüner Jäger · Grünerwald · Grünet · Grüne Tanne · Grünewald
Grünewalde · Grünfelde · Grünfleckerdorf · Grüngiebing
Grüngräbchen · Grüngraben · Grüngürtel · Grünhagen
Grünhaid · Grünhain · Grünhaus · Grünheide · Grünhof
Grünholz · Grünhorst · Grünhütte · Grüningen · Grünkordshagen
Grünkraut · Grünlas · Grünlichtenberg · Grünlingen
Grünmettstetten · Grünmorsbach · Grünow · Grünplan · Grünpöhl
Grünreuth · Grünsberg · Grünscheid · Grünschlag · Grünschwaige
Grünseiboldsdorf · Grünsfeld · Grünsfeldhausen · Grünsink
Grünstadt · Grünstädtel · Grünstein · Grünswalde · Grüntal

Grüntegernbach · Grünten · Grünthal · Grünwald · Grünwangen Grünwettersbach · Grünwinkel

Einige der Namen kommen mehrfach vor

Grün	9 ×	Grünewalde	2 ×
Grüna	5 ×	Grünhaus	2 ×
Grünau	6 ×	Grünheide	4 ×
Grünbach	9 ×	Grünhof	3 ×
Grünberg	9 ×	Grünholz	2 ×
Grünbühl	2 ×	Grüningen	4 ×
Grüneck	2 ×	Grünlas	2 ×
Grünenbach	2 ×	Grünow	3 ×
Grünenbaum	2 ×	Grünscheid	2 ×
Grünenberg	2 ×	Grüntal	3 ×
Grünenthal	2 ×	Grünthal	5 ×
Grüner Jäger	3 ×	Grünwald	2 ×
Grünewald	4 ×		

GRÜNE STÄDTE IN BADEN-WÜRTTEMBERG In der Ausgabe der Tageszeitung *Badische Neueste Nachrichten* vom 22. Juli 2019 waren Satellitenbilder zu sehen, die Aufschluss über den Vegetationsanteil in baden-württembergischen Städten gaben. Wenn man den jeweils gesamten Bereich der Städte erfasst, also nicht allein die City, so ergeben sich die folgenden prozentualen Grünanteile:

Pforzheim	83,5 %	Heilbronn	70,4 %
Freiburg	82,6 %	Stuttgart	70,2 %
Ulm	78,6 %	Karlsruhe	64,9 %
Heidelberg	72,0 %	Mannheim	44,3 %

GRÜNE STRASSE Die Grüne Straße bzw. französisch *Route Verte* ist eine Ferienstraße, die von Contrexéville in Frankreich bis nach Donaueschingen in Deutschland führt. Sie verläuft dabei durch Lothringen, die Vogesen, das Elsass, den Breisgau und den Schwarzwald. Den Rhein überquert die Grüne Straße bei Neuf-Brisach und Breisach. Die Grüne Straße ist Zeichen der deutsch-französischen Freundschaft und trägt ihren Namen wegen der häufig auftretenden Tannen entlang ihres Verlaufs.

GRÜNE TONNE Mit der Einführung der Mülltrennung in Deutschland in den 1960er-Jahren wurden den Haushalten verschiedenfarbige Müllcontainer zur Verfügung gestellt. Der grüne Behälter, die sogenannte Grüne Tonne, dient in der Regel zur Abfuhr des kompostierbaren Biomülls. Es gibt allerdings auch Landkreise, in denen die Grüne Tonne zur Sammlung von Leichtverpackungen und Altpapier genutzt wird.

GRÜNFUTTER Werden grüne Pflanzen vor Ende ihres Wachstums gemäht und in frischem Zustand – im Gegensatz zu Heu – an landwirtschaftliche Nutztiere verfüttert, so nennt man das Grünfutter.

GRÜNFUTTERTROCKNUNG Bei einer Grünfuttertrocknung handelt es sich um eine künstliche Trocknung junger, möglichst eiweißreicher Pflanzen, die noch keinen größeren Rohfaseranteil gebildet haben und daher nicht zur üblichen Heubereitung geeignet sind. Dadurch erhält man ein hochkonzentriertes Futtermittel, dessen biologischer Wert den meisten Kraftfuttermitteln aufgrund eines hohen Vitamingehalts und einer leichten Verdaulichkeit überlegen ist.

GRÜNGÜRTEL Grünflächen, die Stadtkerne oder bestimmte Stadtgebiete kreisförmig umgeben, werden auch Grüngürtel genannt. Bei älteren Städten sind sie oft entlang ehemaliger Befestigungsanlagen entstanden. Sie bieten Erholungsmöglichkeiten und beeinflussen das Kleinklima positiv.

GRÜNLAGE Eine Grünlage bezeichnet die Lage eines Grundstücks oder eines Hauses im Grünen. Die Grünlage steht im Gegensatz zur Stadtlage.

GRÜNLAND Das Grünland bezeichnet eine von Menschenhand gestaltete Landschaft, die als Wiese oder Weide genutzt wird und im Gegensatz zum Ackerland steht. Dabei ist zu unterscheiden zwischen Dauer-Grünland, das immer als solches genutzt wird, Wechsel-Grünland, das mehrere Jahre hindurch als Wiese oder Weide in Anspruch genommen wird, und absolutem Grünland. Unter Letzterem versteht man Flächen, die sich nicht in Ackerland umwandeln lassen, etwa wegen des Grundwasserstands, einer starken Hanglage bzw. -neigung oder einem vermehrten Vorkommen von Gesteinen im Boden. In der Bundesrepublik sind etwa 40 Prozent der landwirtschaftlich genutzten Fläche Grünland. Als Grünland besonders geeignet sind feuchte Küstenstreifen und Flussniederungen sowie Höhenlagen der Gebirge bis zur Vegetationsgrenze (Almwirtschaft). Die Pflanzen des Grünlands umfassen drei Hauptgruppen: Futtergräser, Kleearten und andere Leguminosen (Hülsenfrüchtler), außerdem Kräuter wie z. B. Löwenzahn *(Taraxacum)*, Wiesenknopf *(Sanguisorba)* oder Spitzwegerich *(Plantago lanceolata)*. Nach der Art der Nutzung unterscheidet man Wiesen, die zum Schneiden von Grünfutter dienen (das zur Silage- und Heugewinnung verwendet wird) und Weiden, die direkt mit Vieh beschickt werden. Das heute in allen Waldgebieten verbreitete und vielfach dominierende Grünland ist fast ausschließlich das Produkt menschlicher Tierhaltung.

GRÜNLAND/GRÖNLAND Obwohl heute zum größten Teil mit Eis bedeckt, soll auch Grönland (= Grünland) einmal grün gewesen sein. In der hochmittelalterlichen Warmzeit in Europa (9. bis 12. Jahrhundert) sollen dort Weidewirtschaft und Ackerbau möglich gewesen sein, was unter anderem zur Ausbreitung der Wikinger bis nach Grönland führte. Heute wachsen im Süden Grönlands Birken und Erlenkrummhölzer, Rhododendren und Wacholder, im Norden Polarweiden, Polsterpflanzen, Kräuter, Gräser, Moose und Flechten.

GRÜNLANDZAHL »Grünlandzahl« (GZ) ist ein Begriff der Bodenbewertung. Hierbei wird die Ertragsfähigkeit von Grünland ermittelt, wobei verschiedene Punkte wie Bodenart, Klima, Wasser, Nässe, Trockenheit u. a. berücksichtigt werden, um den Ertrag bei normaler Bewirtschaftung zu schätzen.

POLITIK

BÜNDNIS 90/DIE GRÜNEN Bündnis 90/Die Grünen – kurz Die Grünen – ist eine politische Partei, die sich zunächst gebildet hat, um umwelt- und friedenspolitische Ziele in Deutschland stärker zu vertreten. Im Jahr 1993 erfolgte der Zusammenschluss der westdeutschen Partei Die Grünen (gegründet 1980) und des ostdeutschen Bündnis 90 (als Partei gegründet 1991). Die innerparteilichen Auseinandersetzungen zwischen den sogenannten Fundis und Realos spiegeln die Entwicklung des Parteiprogramms wider, das sich von radikalen ökologischen und pazifistischen Positionen zu eher pragmatisch ausgerichteten Lösungsansätzen gewandelt hat. Die inhaltlichen Schwerpunkte der Grünen liegen nach wie vor im Umwelt- und Naturschutz sowie im Streben nach sozialer Gerechtigkeit und einer offenen Gesellschaft, die etwa die Integration von Einwanderern und die rechtliche Gleichstellung von Minderheiten vorsieht. Außerdem setzen sich die Grünen für ein starkes Europa ein. Nach den Anfängen als kleine Randpartei haben sich Bündnis 90/ Die Grünen zu einer in Bund und Ländern fest etablierten politischen Kraft entwickelt. Die Grünen waren auf Bundesebene einmal an der Regierung beteiligt, und zwar von 1998 bis 2005 unter Bundeskanzler GERHARD SCHRÖDER (SPD, geb. 1944). Auf Landesebene sind sie häufiger anzutreffen. Einen Ministerpräsidenten stellen sie seit 2011 in Baden-Württemberg.

grüne Koalitionen

Koalition	Amtszeit	Bundesland	RegierungschefIn
Rot-Grün	1985–1987	Hessen	HOLGER BÖRNER (SPD)
Rot-Grün	1989–1990	Berlin	WALTER MOMPER (SPD)

Koalition	Amtszeit	Bundesland	RegierungschefIn
Rot-Grün	1990–1994	Niedersachsen	Gerhard Schröder (SPD)
Ampel	1990–1994	Brandenburg	Manfred Stolpe (SPD)
Rot-Grün	1991–1999	Hessen	Hans Eichel (SPD)
Ampel	1991–1995	Bremen	Klaus Wedemeier (SPD)
Rot-Grün	1994–1998	Sachsen-Anhalt	Reinhard Höppner (SPD)
Rot-Grün	1995–2005	Nordrhein-Westfalen	Johannes Rau (SPD), Wolfgang Clement (SPD), Peer Steinbrück (SPD)
Rot-Grün	1996–2005	Schleswig-Holstein	Heide Simonis (SPD)
Rot-Grün	1997–2001	Hamburg	Ortwin Runde (SPD)
Rot-Grün	1998–2005	Bundes-regierung	Gerhard Schröder (SPD)
Rot-Grün	2001–2002	Berlin	Klaus Wowereit (SPD)
Rot-Grün	2007–2019	Bremen	Jens Böhrnsen (SPD), Carsten Sieling (SPD)
Schwarz-Grün	2008–2010	Hamburg	Ole von Beust (CDU), Christoph Ahlhaus (CDU)
Jamaika	2009–2012	Saarland	Peter Müller (CDU), Annegret Kramp-Karrenbauer (CDU)
Rot-Grün	2010–2017	Nordrhein-Westfalen	Hannelore Kraft (SPD)
Grün-Rot	2011–2016	Baden-Württemberg	Winfried Kretschmann (Die Grünen)

Koalition	Amtszeit	Bundesland	RegierungschefIn
Rot-Grün	2011–2016	Rheinland-Pfalz	KURT BECK (SPD), MALU DREYER (SPD)
Dänen-Ampel	2012–2017	Schleswig-Holstein	TORSTEN ALBIG (SPD)
Rot-Grün	2013–2017	Niedersachsen	STEPHAN WEIL (SPD)
Rot-Rot-Grün	2014–2020	Thüringen	BODO RAMELOW (Die Linke)
Schwarz-Grün	seit 2014	Hessen	VOLKER BOUFFIER (CDU)
Rot-Grün	seit 2015	Hamburg	OLAF SCHOLZ (SPD), PETER TSCHENTSCHER (SPD)
Kenia	seit 2016	Sachsen-Anhalt	REINER HASELOFF (CDU)
Grün-Schwarz	seit 2016	Baden-Württemberg	WINFRIED KRETSCHMANN (Die Grünen)
Ampel	seit 2016	Rheinland-Pfalz	MALU DREYER (SPD)
Rot-Rot-Grün	seit 2016	Berlin	MICHAEL MÜLLER (SPD)
Jamaika	seit 2017	Schleswig-Holstein	DANIEL GÜNTHER (CDU)
Rot-Grün-Rot	seit 2019	Bremen	ANDREAS BOVENSCHULTE (SPD)
Kenia	seit 2019	Brandenburg	DIETMAR WOIDKE (SPD)
Kenia	seit 2019	Sachsen	MICHAEL KRETSCHMER (CDU)
Rot-Rot-Grün	seit 2020	Thüringen	BODO RAMELOW (Die Linke)

GRÜNBUCH Als Grünbücher werden in der Europäischen Kommission die Diskussionspapiere bezeichnet, die zu bestimmten Politikzielen verfasst werden. Die Grünbücher richten sich an Experten, Interessenvertreter und eine breitere Öffentlichkeit. Sie sollen zur Diskussion der jeweiligen Inhalte anregen, um so auftretende Fragen zu klären, aussagekräftige Argumente zu sammeln und einen politischen Prozess in Gang zu bringen. Grünbücher können die Grundlage für sogenannte Weißbücher sein, die dann konkrete (Gesetzes-)Vorschläge enthalten.

GRÜNE AKTION ZUKUNFT (GAZ) Als Grüne Aktion Zukunft bezeichnete sich die erste grüne Partei der Bundesrepublik Deutschland, die 1978 auf Bundesebene gegründet wurde und den Umweltschutz in den Mittelpunkt ihres Programms stellte. Im Jahr 1980 beteiligte sie sich an der Gründung der Partei Die Grünen.

→ Bündnis 90/ Die Grünen, S. 82

GRÜNE CHARTA VON DER MAINAU Die Grüne Charta von der Mainau ist ein Manifest, das am 20. April 1961 auf der Insel Mainau im Bodensee verkündet wurde. Anlass waren die fünften Mainauer Rundgespräche, bei denen sich Vertreter aus Wissenschaft, Politik und Wirtschaft trafen, um über die Zukunft des Naturschutzes in Deutschland zu diskutieren. Ziel war es, vor dem Hintergrund des ökonomischen Aufschwungs der Wirtschaftswunderjahre die Bedürfnisse von Mensch, Natur und Umwelt nicht aus den Augen zu verlieren – und diese in expliziten Forderungen zu formulieren. Um diesen Ansprüchen auch Taten folgen zu lassen, wurde der Deutsche Rat zur Landschaftspflege gegründet, der als unabhängiger und gemeinnütziger Verein Projekte des Natur- und Umweltschutzes in der Bundesrepublik Deutschland begutachtet.

🖼 Der indische Großmogul Akbar lauscht dem Musikunterricht von Swami Haridas (18. Jh.), S. 86/87

तानसेन

वात साहज्ञु अकबर

GRÜNE FRONT Die Grüne Front war ein Interessenverbund von agrarpolitisch tätigen Organisationen in der Weimarer Republik. Er wurde 1929 angesichts der sich seit 1927 verschärfenden Agrarkrise gegründet.

Mitglieder der Grünen Front

- der Reichslandbund
- die Vereinigung der Bauernvereine
- die Deutsche Bauernschaft
- der Deutsche Landwirtschaftsrat

GRÜNE LISTEN In den 1970er-Jahren traten alternative Wählervereinigungen, sogenannte Grüne und Bunte Listen, bei Kommunal- und Landtagswahlen an. Ihre Mitglieder kamen zumeist aus der Antiatomkraftbewegung und der Friedensbewegung. Einige von ihnen schlossen sich zu verschiedenen Listen zusammen, um über die Fünfprozenthürde zu gelangen. Die Grünen Listen stellten eine organisatorische Zwischenstufe der Partei Die Grünen dar auf ihrem Weg von der außerparlamentarischen Vereinigung zu einer politischen Partei.

→ Bündnis 90/ Die Grünen, S. 82

GRÜNE PARITÄT Als grüne Parität wird ein spezieller Wechselkurs für Agrarprodukte bezeichnet. Ein wesentliches Merkmal der Agrarpolitik der Europäischen Gemeinschaft ist seit 1971 die Vereinheitlichung von Preisen für Agrarprodukte in allen Mitgliedsländern, um Mindestpreise und entsprechende Erlöse für die Landwirte zu garantieren. Um Unterschiede zwischen nationalen Agrarpreisen auszugleichen, die durch eine Währungsaufwertung oder -abwertung verursacht werden, müssen entweder Subventionen gewährt oder Abgaben geleistet werden. Dieser Mechanismus zur Kompensation wird auch Grenzausgleich oder Währungsausgleich genannt. Ein Instrument hierbei ist die grüne Parität. Durch die Einführung des Euro und die in vielen Fällen aufgehobenen Grenzkontrollen in Europa kommt sie heutzutage seltener zur Anwendung.

GRÜNER BERICHT Der Grüne Bericht bzw. der Grüne Plan ist der Vorläufer des Agrarberichts der Bundesregierung. Entsprechende agrar- und ernährungspolitische Berichte sind dem Bundestag auf der Grundlage des Landwirtschaftsgesetzes vom 5. September 1955 alljährlich vorzulegen. Der Grüne Bericht wurde ab 1956 erstellt und im Jahr 1972 durch den Agrarbericht abgelöst. Er enthält Aussagen über die Lage der Landwirtschaft einschließlich der Forst-, Holz- und Fischwirtschaft sowie über die agrar- und ernährungspolitischen Ziele der Bundesregierung. Der Agrarbericht soll auch eine Stellungnahme enthalten, wie sich die Einkommen in der Landwirtschaft im Vergleich zu den gewerblichen Löhnen entwickeln.

GRÜNE REVOLUTION Als Grüne Revolution wird eine nach 1965 in den Entwicklungsländern begonnene Wachstumsbeschleunigung der Agrarproduktion bezeichnet. Sie sollte durch Einführung neuer landwirtschaftlicher Produktionstechniken erreicht werden wie z. B. der Anwendung von gezüchtetem Hochleistungssaatgut, mineralischer Düngung, Pestiziden als Pflanzenschutzmitteln und künstlicher Bewässerung. Besonders effizient war die Grüne Revolution beim Anbau von Weizen und Reis. Ursprünglich war mit der Grünen Revolution die Hoffnung verbunden, das Welthungerproblem grundsätzlich lösen zu können. Die negativen Folgen der Grünen Revolution sind eine zunehmende

Umweltbelastung, die Verdrängung der Kleinbauern sowie die Ausrottung lokaler Pflanzensorten.

GRÜNER FRIEDEN BZW. GREENPEACE Am 15. September 1971 setzte sich eine Gruppe kanadischer Friedensaktivisten auf einen ausgemusterten Fischkutter und fuhr in Richtung Alaska, um dort gegen einen US-amerikanischen Atomtest zu demonstrieren. Der Fischkutter erreichte sein Ziel nie, aber der Name der Aktion schrieb Geschichte: Greenpeace. Die Zusammensetzung der Wörter »grün« und »Frieden« sollte auch in Zukunft für aktiven Umweltschutz stehen mit oft spektakulären Aktionen. So besetzte Greenpeace 1995 die Ölplattform »Brent Spar« des Ölkonzerns SHELL und verhinderte damit die Versenkung der Anlage in der Nordsee. Im Jahr 2006 transportierten Aktivisten einen 17 Meter langen und ca. 20 Tonnen schweren toten Finnwal vor die japanische Botschaft in Berlin, um ein Zeichen gegen den Walfang zu setzen. Um gegen den Einsatz von Kernenergie zu protestieren, bestiegen 2009 Greenpeace-Mitglieder mithilfe von Bergsteigerausrüstungen die Reaktorkuppel des deutschen Atomkraftwerks Unterweser. Heute ist Greenpeace International die einflussreichste Umweltschutzorganisation der Welt, die jährlich Spenden im mittleren dreistelligen Millionenbereich einnimmt. Sie setzt sich aus 27 regionalen und nationalen Organisationen zusammen, die in 55 Ländern aktiv sind und weltweit mehr als 3 Millionen Fördermitglieder haben. Die größte Sektion befindet sich mit rund 100 Regionalgruppen in Deutschland. Greenpeace ist unabhängig von Industrie und Politik und hat einen Beobachterstatus bei den Vereinten Nationen.

GRÜNER PFEIL Der Grüne Pfeil ist ein Verkehrszeichen aus der Straßenverkehrsordnung der ehemaligen DDR, das ein

Rechtsabbiegen – unter Berücksichtigung der Vorfahrt – bei roter Ampel erlaubt. Der Grüne Pfeil wurde ab 1994 im wiedervereinten Deutschland mit der Auflage übernommen, vor dem Abbiegen wie bei einem Stoppschild anzuhalten.

GRÜNE TINTE In Ministerien und anderen Behörden besteht eine Rangordnung der Tintenfarben bezüglich der Aktenvermerke in Schriftstücken. Der Minister bzw. die höchsten Beamten benutzen grüne Tinte, der Staatssekretär bzw. der nach dem Amtschef nächsthöhere Beamte rote Tinte. Dann folgen blaue und braune Tinte. Natürlich werden heute statt der farbigen Tinte auch Schreibstifte verwendet. Eine hieraus resultierende bekannte Redewendung lautet: Das fällt dem Rotstift zum Opfer.

GRÜNE ZIRKUSPARTEI Als Zirkusspiele bezeichnet man die in einer Arena dargebotenen Wagenrennen im alten Rom. Die Zirkusparteien bildeten sich aus den zunächst vier gleichberechtigten Rennställen mit ihren jeweiligen Anhängern: *prasina* = die Grüne, *veneta* = die Blaue, *russata* = die Rote und *albata* = die Weiße. Die Zirkusparteien erlangten politischen Einfluss, da sie das Volk über die Teilnahme an den Spielen auch politisch mobilisieren konnten. In der Spätantike hatten die beiden großen Parteien der Blauen und Grünen Repräsentanten in allen größeren Städten, die über einen Circus oder ein Hippodrom verfügten. Ein großer Anhänger der Grünen soll z. B. der berüchtigte Kaiser CALIGULA (12–41 n. Chr.) gewesen sein, der sein Lieblingspferd aus diesem Rennstall, *Incitatus* (= Der Schnelle), angeblich zum Konsul erheben wollte.

GRÜNFLÄCHENAMT Das Grünflächenamt ist eine kommunale Behörde, die sich um die Bewirtschaftung und Pflege von öffentlichen Grünanlagen, Parks, Wäldern, Friedhöfen, Spielplätzen und Sportanlagen kümmert.

GRÜN IM »HAUS DER GEMEINEN« *(HOUSE OF COMMONS)*

Im britischen Parlament sitzen die Vertreter des Unterhauses (*House of Commons,* »Haus der Gemeinen«) auf grün gepolsterten Bänken. Die Lords im Oberhaus nehmen auf roten Bänken Platz. Die unterschiedliche Polsterfarbe spiegelt die Farbordnung im Mittelalter wider, in der die Farbe Rot bzw. Purpur den Adeligen vorbehalten war. Grün galt als die Farbe der Kaufleute und der Bankiers.

GRÜNORDNUNG Die Grünordnung ist ein Bereich der städtischen Landschaftspflege, der die Aufgabe hat, Grünflächen und Grünbestände in Stadt- und Siedlungsbereichen zu schaffen und zu erhalten. Zur Grünordnung zählen die Grünplanung, der Grünflächenbau und die Grünpflege.

SPORT

BRITISCHES RENN-GRÜN *(BRITISH RACING GREEN)* Bevor das kommerzielle Sponsoring die äußere Gestaltung von Rennautos bestimmte, unterschied man die Teams nach landesspezifischen Farbtönen. So nutzten die Briten ab Anfang des 20. Jahrhunderts das *British Racing Green*. Die Farbwahl hing vermutlich mit dem wichtigen britischen Automobilhersteller NAPIER & SON zusammen, der die Farbe ohnehin nutzte und dessen Wagen erfolgreich an internationalen Rennen teilnahmen. Außerdem waren die Farben der britischen Flagge bereits vergeben: Die Franzosen nutzten Blau, die Italiener Rot – das noch heute bei den Rennwagen der italienischen Automarke FERRARI zum Einsatz kommt – und die Deutschen Weiß. Später galt Silber als deutsche Erkennungsfarbe, was den Wagen der Firma MERCEDES die Bezeichnung Silberpfeil einbrachte.

GRÜNE GEBÜHR *(GREENFEE)* Bei *Greenfee* handelt es sich um eine Platzgebühr, die jeder Golfspieler bezahlen muss, wenn → zweites Grün, S. 96 er auf einem Golfplatz spielen will (also aufs Grün will), bei dem er nicht Mitglied ist.

GRÜNER GÜRTEL Die Grade der Schüler in den verschiedenen japanischen Kampfsportarten heißen bis zur Erlangung des ersten Meistergrades Kyū. Beim Karate hat man mit dem grünen Gürtel den 6. von 9 Kyū erreicht. In Japan beschreibt man diese Stufe wie folgt: »Der Samen keimt, ein Pflänzchen kommt.«

Kyū-Meistergrade

Rangstufe (aufsteigend)	Name	Gürtelfarbe
9. Kyū (niedrigste Stufe)	Kyūkyū	weiß

Rangstufe (aufsteigend)	Name	Gürtelfarbe
8. Kyū	Hachikyū	gelb
7. Kyū	Shichikyū	orange
6. Kyū	Rokkyū	grün
5. Kyū	Gokyū	blau
4. Kyū	Yonkyū	blau oder violett
3. Kyū	Sankyū	braun
2. Kyū	Nikyū	braun
1. Kyū (höchste Stufe)	Ikkyū	braun

GRÜNER RASEN Auf einem grünen Rasen als sogenanntem Gebrauchsrasen werden z.B. die Sportarten Fußball, Rugby, Feldhockey, Cricket, American Football, Baseball, Croquet, Golf, Polo, Lacrosse, Quidditsch oder Softball gespielt. Auch das Tennisturnier von Wimbledon findet auf Rasen statt.

→ Heiliges Grün, S. 96

GRÜNE TISCHE Grüne Tische sind Spieltische für Karten- und Würfelspiele sowie Billard und Roulette. Sie sind in der Regel mit grünem Filz bespannt. Die Farbe bildet einen guten Kontrast zu den Karten, Kugeln und Würfeln und hat eine angenehme, beruhigende Wirkung für das Auge. Die grüne Farbe der Billardtische geht wohl darauf zurück, dass Billard im Mittelalter ursprünglich auf einer Rasenfläche gespielt wurde und man diese mit dem grünen Tuch imitieren wollte. Um auch bei Regen Billard spielen zu können, verkleinerte man die Spielfläche auf den mit einem grünen Tuch bezogenen Tisch.

→ Grün als Farbe der Harmonie, S. 145

GRÜNES TRIKOT Bei der Tour de France gibt es vier Trikots mit besonderer Bedeutung, die schon während der Tour von herausragenden Fahrern getragen werden dürfen. Die Wertung ist hierbei von der Sammlung von Punkten abhängig, die entsprechend eines Punktesystems für verschiedene Etappen vergeben werden. Das Grüne Trikot ist das Trikot der Sprinter: Es wird von demjenigen Fahrer getragen, der die meisten Punkte bei den Zwischensprints gesammelt hat. Das Gepunktete Trikot ist das Trikot der Bergfahrer: Es trägt der Fahrer, der bei den Bergetappen die meisten Punkte sammeln konnte. Das Gelbe Trikot zeichnet den Fahrer aus, der bei der Gesamtwertung führt. Das Weiße Trikot trägt der beste Nachwuchsfahrer.

GRÜN/PIK Kartenspieler, die nicht mit dem französischen, sondern mit dem deutschen Blatt spielen, kennen die Spielfarbe Pik als Grün, Laub, Gras oder Blatt.

HEILIGES GRÜN Vom »Heiligen Grün« sprechen die Sportreporter, wenn sie den Rasenplatz des Tennisstadions in Wimbledon meinen. Wimbledon, heute ein Stadtbezirk im Südwesten Londons, ist durch die seit 1877 jährlich ausgetragenen Wimbledon Championships weltbekannt geworden. Das internationale Tennisturnier ist das älteste und prestigeträchtigste Tennisturnier der Welt; es ist das dritte der vier Grand-Slam-Turniere und es ist das einzige, das auf Rasen stattfindet.

ZWEITES GRÜN Natürlich gibt es beim Golf auch ein erstes Grün und ein drittes, bis hin zum neunten oder 18. Grün. Gemeint ist – neben Abschlag und Fairway – derjenige Bereich beim Golf, auf dem sich auch das Loch befindet. Hier wird der Ball nicht mehr geschlagen, sondern gerollt. Das

Junges Mädchen in Grün (1927) von Tamara de Lempicka, S. 97

Grün zeichnet sich durch eine besonders gepflegte und sehr kurz geschnittene Rasenfläche aus, weshalb die Spieler dazu angehalten sind, das Grün pfleglich zu behandeln. Auf dem Grün befindet sich ein Loch mit einem Durchmesser von 4¼ Inches (107,9 Millimetern) und einer Tiefe von 4 Inches (101,6 Millimetern). Ein Ball ist auf dem Grün, wenn er mit einem Teil seiner Oberfläche das Grün berührt.

REDENSARTEN

(ACH) DU GRÜNE NEUNE! Dieser Ausruf wird einer zumeist negativen Überraschung zugeschrieben; seine Herkunft ist allerdings nicht ganz eindeutig geklärt. Häufig wird auf ein Berliner Tanzlokal des 19. Jahrhunderts verwiesen, das »Conventgarten« in Friedrichshain. Das Etablissement von zweifelhaftem Ruf lag in der Blumenstraße 9, doch sein Haupteingang führte zum heute verschwundenen »Grünen Weg« hinaus und war daher im Volksmund als »Die grüne Neune« bekannt. Eine andere Deutung stellt einen Bezug zum Kartenlegen her, das früher etwa auf Jahrmärkten üblich war. Dabei war die »Laub-«, »Gras-« bzw. »Grün-Neun«, die der »Pik-Neun« der französischen Spielkarten entspricht, eine Karte, die nichts Gutes verhieß. Für diese Erklärung spricht die ältere Redensart »Du kriegst die grüne Neune!« als Ausdruck des Erschreckens. Daher war wohl schon der Spitzname für das Berliner Tanzlokal doppeldeutig, nämlich als Anspielung auf die berüchtigte Spielkarte gemeint.

→ Grün/Pik, S. 96

AM GRÜNEN HOLZ[E] Ein bibelfester Hinweis, dass man in einer Situation mit einem besseren oder zumindest weniger schlimmen Ausgang gerechnet hat. Die Fügung geht auf das Lukasevangelium (23,31) zurück, wo es heißt: »Denn so man das tut am grünen Holze, was will am dürren werden?« Damit wendet sich Jesus auf dem Weg zur Kreuzigung an seine trauernden Begleiterinnen und ermahnt sie, besser an ihr eigenes Los zu denken: Selbst er, der doch wie ein junger Trieb für die Hoffnung stünde, müsse großes Leid erdulden, was hätten also all jene zu erwarten, die wie totes Holz ein Leben ohne rechten Glauben führten?

AM GRÜNEN TISCH / VOM GRÜNEN TISCH AUS Die Wendung rührt daher, dass Verhandlungstische früher oft mit grünem Leder oder Tuch bezogen waren – eine Erinnerung daran, dass wichtige Zusammentreffen in alter Zeit gerne öffentlich und an neutralem Ort unter freiem Himmel abgehalten wurden. Außerdem galt die Farbe Grün als relativ neutral, da sie in der Herrschaftssymbolik, etwa in der Heraldik auf Wappen, nur selten zur Anwendung kam. Heute hat der »grüne Tisch« eher eine negative Konnotation und steht für eine abgehobene, realitätsferne Funktionärsebene sowie Planungen ohne Kenntnis der Praxis.

AN JEMANDES GRÜNER SEITE »Mädel, ruck, ruck, ruck an meine grüne Seite«, fordert ein Volkslied aus dem 19. Jahrhundert auf. Schon in der mittelalterlichen Liebeslyrik des Minnesangs stand die Farbe Grün für den Anfang der Liebe. Dicht beieinander, an der »grünen Seite«, ist daher ein romantischer Flirt zu erwarten. Etwas weniger verfänglich, aber heute nur noch selten verwendet, beschreibt der Ausdruck allgemein den bevorzugten Platz unmittelbar neben jemandem.

→ Grün im Minnesang, S. 170

AUF DER GRÜNEN WIESE Entsteht etwas auf der »grünen Wiese« wie z. B. neue Einkaufszentren oder Siedlungen, so handelt es sich um noch unbebautes Gelände vor der Stadt.

AUF EINEN/DEN GRÜNEN ZWEIG KOMMEN Der grüne Zweig steht in dieser Wendung bildlich für das Wachsen der Natur im Frühjahr, wird in der Umgangssprache jedoch auf wirtschaftliche, finanzielle oder ähnliche Erfolge übertragen.

BEI MUTTER GRÜN SCHLAFEN Ein poetisches Bild für eine Übernachtung im Freien.

DASSELBE IN GRÜN »So gut wie dasselbe« ist mit dieser umgangssprachlichen Wendung gemeint, deren Ursprung nicht ganz geklärt ist. Als Quelle wird zum einen auf eine bereits für das Ende des 18. Jahrhunderts belegte Anekdote verwiesen, nach der eine Hausangestellte einem Verkäufer ein rosarotes Band als Vorlage gereicht haben soll mit der Bitte: »Dieselbe Couleur, aber in Grün!« Zum anderen wird eine Karikatur aus der populären Wochenschrift *Fliegende Blätter* von 1903 angeführt: Hier verlangt ein wohlhabender Reisender am Schalter eine Fahrkarte für denselben Bestimmungsort wie der ärmliche Reisende vor ihm, jedoch mit dem Zusatz »Dasselbe in Jrün!«, womit er auf die Kennfarbe der teureren 2. Klasse anspielt.

ES IST ALLES IM GRÜNEN BEREICH Diese Redensart geht auf die Anzeige von Kontroll- oder Regelautomaten zurück, die mit roten Feldern die Gefahrenzonen, mit grünen Feldern aber den normalen Arbeitsbereich etwa bei Drehzahlen, einer Stromspannung oder Ähnlichem markieren. Bewegt sich hier alles »im grünen Bereich«, so ist – umgangssprachlich – alles unter Kontrolle, normal und in Ordnung.

→ Grün als Signalfarbe, S. 196

GRÜNE HOCHZEIT Die »Grüne Hochzeit« ist ein Synonym für den Tag der Eheschließung selbst, im Unterschied etwa zur »Silbernen Hochzeit« nach 25 oder »Goldenen Hochzeit« nach 50 Jahren. Grün steht hier im romantischen Sinne für die frische Liebe. Ein beliebter Hochzeitsbrauch war das Schmücken der Braut mit einem grünen Myrtenkranz. Die Myrtenzweige konnten anschließend eingepflanzt werden und sollten eine fruchtbare und vor allem beständige Ehe symbolisieren.

→ Grün als liturgische Farbe, S. 180

GRÜNE HÖLLE Der Ausdruck steht für tropische Urwälder, die trotz aller Üppigkeit für unvorsichtige oder unerfahrene Bewohner und Besucher ein bedrohlicher, Schrecken und

Strapazen verursachender Lebensraum sind. Im übertragenen Sinne finden sich »Grüne Höllen« auch in unseren Breiten, etwa als Spitzname für einen berüchtigten Streckenabschnitt der Autorennstrecke Nürburgring, der sich durch die Wälder der Eifel windet und für Rennfahrer eine besondere Herausforderung darstellt.

GRÜNE MINNA Die heute veraltete Bezeichnung für Polizeiwagen, in denen Gefängnisinsassen oder Festgenommene transportiert werden, hängt wohl nicht nur mit deren früher üblichen grünen Farbe zusammen, die zuerst 1866 bei den geschlossenen Pferdekutschen der Berliner Polizei eingeführt wurde. Vermutlich wurde »grün« auch in der rotwelschen Bedeutung von »unangenehm, nicht geheuer« gebraucht. Einen vergleichbaren Hintergrund hat der Name »Grüner Anton« für ein Gefängnis in der Berliner Antonstraße. Eine weitere Erklärung verweist auf den im 19. Jahrhundert besonders populären Vornamen »Minna«, der umgangssprachlich zu einem Synonym für »Hausangestellte« wurde. In diesem Sinne konnte die »Grüne Minna« der Polizei bei Einsätzen gute Dienste leisten.

GRÜNER DAUMEN Wer beim Ziehen und Pflegen von Pflanzen großes Geschick beweist und entsprechenden Erfolg hat, verfügt sprichwörtlich über einen *green thumb* – wie es im englischen Original heißt.

GRÜNER JUNGE Ein weiterer Beleg für die Verbindung der Farbe Grün mit allem Neuen und Frischen – hier allerdings mit einem abwertenden Unterton, denn die Wendung spielt auf Unerfahrenheit, Unreife und Selbstüberschätzung an. In die gleiche Richtung weist auch der Ausspruch, jemand sei »noch grün hinter den Ohren«.

GRÜNER WIRD'S NICHT! Der alltagssprachliche scherzhafte oder verärgerte Hinweis gilt Verkehrsteilnehmern, die trotz grüner Ampel nicht weiterfahren.

→ Grün als Signalfarbe, S. 196

GRÜNES LICHT GEBEN Dieses sprachliche Bild bezieht sich auf das grüne Licht von Verkehrsampeln, die den Weg freigeben, und steht für die Erlaubnis, etwas zu beginnen oder etwas in Angriff zu nehmen.

→ Grün als Signalfarbe, S. 196

GRÜNE WEIHNACHTEN Im Gegensatz zu den »weißen Weihnachten« steht diese Wendung für die – gefühlt immer häufigeren – Weihnachten ohne Schnee.

→ grüner Tannenbaum, S. 182

GRÜNE WELLE Die straßenverkehrstechnische Einrichtung an einer Hauptstraße, bei der die Ampeln so geschaltet sind, dass der Verkehr bei Einhaltung einer bestimmten Geschwindigkeit immer Grün, also freie Fahrt, hat.

→ Grün als Signalfarbe, S. 196

GRÜNE WITWE Der umgangssprachliche Ausdruck für eine sich tagsüber in ihrer Wohnung außerhalb der Stadt allein fühlende Ehefrau ist in vielerlei Hinsicht veraltet: Er steht nicht nur für ein überholtes Frauenbild, sondern in Zeiten von Homeoffice ebenso für eine überkommene Vorstellung der Arbeitswelt. Daneben gibt es einen in den 1980er-Jahren beliebten Cocktail, der den Namen Grüne Witwe trägt. Seine grüne Farbe bekommt er durch die Mischung von Blue Curaçao und Orangensaft.

GRÜNROCK Die Bezeichnung für Jäger und Jägerinnen sowie Förster und Försterinnen spielt auf die zumeist grüne Berufskleidung an, die nicht zuletzt der Tarnung bei Pirsch und Wildbeobachtung dient. Zusammenfassend spricht man scherzhaft von der »grünen Zunft«.

🖼 Schuppen des Uraniafalters *Urania leilus* in 100-facher Vergrößerung, S. 104

→ Greenhorn, S. 195

GRÜNSCHNABEL Ein junger und unerfahrener Mensch bzw. Neuling, der durch sein vorlautes Verhalten unangenehm auffällt.

GRÜN UND BLAU / GRÜN UND GELB VOR ÄRGER WERDEN / SICH GRÜN UND BLAU / GRÜN UND GELB ÄRGERN Wenn diese umgangssprachlichen Wendungen eingesetzt werden, möchte der Sprecher ein maßloses Ärgern ausdrücken. Die Farbzuschreibungen beziehen sich auf konkrete Körperreaktionen: Die Verengung der Blutgefäße verursacht eine Blässe der Haut, der Gallenstau eine gelbgrüne Färbung.

GRÜN VOR NEID SEIN/WERDEN Diese Umschreibung geht wie im vorhergehenden Eintrag auf Körperreaktionen zurück. So müsste man auch an der Färbung der Haut erkennen können, dass eine Person neidisch ist oder wird. Allgemein gelten Grün und Gelb in ihrer negativen Konnotation als Symbolfarben des Neids.

GRÜNZEUG Eine in der Regel abfällige Bezeichnung.

Bedeutungen »Grünzeug«

- Kräuter zur Tellerdekoration oder zum Würzen von Salaten, Suppen und anderen Speisen

- Salate und Gemüse, vor allem als Rohkost

- Anzahl unerfahrener und zumeist junger Menschen, denen es vermeintlich an geistiger Reife fehlt

IM GRÜNEN / INS GRÜNE Wendungen, die mit Freizeitaktivitäten und Situationen in der freien Natur in Verbindung stehen.

JEMANDEN DECKT DER KÜHLE/GRÜNE RASEN Eine gehobene und beschönigende Wendung für einen toten und begrabenen Menschen.

JEMANDEM NICHT GRÜN SEIN Das Adjektiv »grün« verbindet sich hier über die ursprüngliche Bedeutung »wachsend, sprossend« mit der Vorstellung des Gedeihlichen, Angenehmen, Günstigen. In der Wendung wird es allerdings verneint und beschreibt einen Zustand, in dem man jemandem nicht wohlgesinnt ist oder jemanden nicht leiden kann.

JEMANDEM WIRD ES GRÜN UND BLAU / GRÜN UND GELB VOR AUGEN Bildhafte Umschreibung für Schwindel und Übelkeit, wobei Kreislaufschwächen in der Tat Farberscheinungen in den Augen auslösen können.

JEMANDEN/ETWAS GEFRESSEN HABEN WIE ZEHN PFUND GRÜNE SEIFE/SCHMIERSEIFE Die Wendung nimmt Bezug auf den Genuss von schlecht verdaulichen Speisen, die einem sehr schwer im Magen liegen und Beschwerden verursachen. Umgangssprachlich steht sie für eine absolute Ablehnung etwa einer Person oder einer Situation.

JEMANDEN/ETWAS ÜBER DEN GRÜNEN KLEE LOBEN In der Alltagssprache bezieht sich diese Wendung auf ein übermäßiges Lob; ihre Herkunft ist nicht sicher geklärt. Möglicherweise geht sie im Sinne von »noch mehr loben als die Dichter den Klee« darauf zurück, dass der grüne Klee in der mittelalterlichen Dichtung und später dann im Volksmund als Inbegriff der Frische und des Frühlingshaften gepriesen wurde. Ein anderer Deutungsversuch verweist auf den formelhaften Gebrauch von »Rosen und Klee« als Grabpflanzen in Liebesliedern und Balladen. Da Grabreden

→ grünes Kleeblatt, S. 187

→ Grün im Minnesang, S. 170

üblicherweise nur die positiven Eigenschaften der Verstorbenen hervorheben, könnte die Wendung ursprünglich im Sinne von »jemanden in solch hohem Maße loben, als sei er bereits gestorben« gemeint gewesen sein.

(KLEINE) GRÜNE MÄNNCHEN Der scherzhafte Ausdruck geht auf stereotype Darstellungen außerirdischer Lebewesen und besonders der »Marsianer« zurück, die in der ersten Hälfte des 20. Jahrhunderts über US-amerikanische Comics und Filme weltweit Verbreitung fanden. Ausschlaggebend für die Farbwahl waren Phänomene, die man von der Erde aus auf dem Mars beobachtet hatte und die zu wilden Spekulationen führten.

LITERATUR

GRÜN IN DER DEUTSCHEN LITERATUR – VON ARNIM BIS WIELAND Um einen ungefähren Eindruck davon zu vermitteln, wie beliebt und frequentiert das schlichte Wort »grün« – allein oder zusammengesetzt – in der Blütezeit der deutschen Dichtung war, sollen 45 Literaten über einen Zeitraum von rund 350 Jahren exemplarisch vorgestellt werden. Die Auswahl entbehrt nicht einer gewissen Willkür; eine Vollständigkeit wird nicht angestrebt. Die 45 Dichter und Denker werden sowohl alphabetisch als auch chronologisch nach ihrem Geburtsjahr aufgeführt – zunächst alphabetisch als kompakte Liste, danach chronologisch mit kurzen Zitaten zum Thema Grün.

Autoren in alphabetischer Reihenfolge

ARNIM, ACHIM VON (1781–1831)

BRENTANO, CLEMENS (1778–1842)

BÜRGER, GOTTFRIED AUGUST (1747–1794)

CHAMISSO (DE BONCOURT), ADELBERT VON (1781–1838)

CLAUDIUS, MATTHIAS (1740–1815)

DAHN, FELIX (1834–1912)

DAUTHENDEY, MAX (1867–1918)

DROSTE ZU HÜLSHOFF, ANNETTE FREIIN VON (1797–1848)

EICHENDORFF, JOSEPH FREIHERR VON (1788–1857)

FISCHART, JOHANN (ca. 1546–1590)

FORSTER, GEORG (1754–1794)

FREYTAG, GUSTAV (1816–1895)

GEIBEL, EMANUEL (1815–1884)

GERHARDT, PAUL (1607–1676)

GOETHE, JOHANN WOLFGANG VON (1749–1832)

GRILLPARZER, FRANZ (1791–1872)

GRYPHIUS, ANDREAS (1616–1664)

HALLER, ALBRECHT VON (1708–1777)

HAUFF, WILHELM (1802–1827)

HEINE, HEINRICH (1797–1856)

HERDER, JOHANN GOTTFRIED VON (1744–1803)

HOFFMANN VON FALLERSLEBEN, AUGUST HEINRICH (1798–1874)

HÖLDERLIN, FRIEDRICH (1770–1843)

JEAN PAUL, eigtl. JOHANN PAUL RICHTER (1763–1825)

KELLER, GOTTFRIED (1819–1890)

KÖRNER, THEODOR (1791–1813)

LÖNS, HERMANN (1866–1914)

MÖRIKE, EDUARD (1804–1875)

MÜLLER, WILHELM (1794–1827)

NOVALIS, eigtl. FRIEDRICH FREIHERR VON HARDENBERG (1772–1801)

OPITZ (VON BOBERFELD), MARTIN (1597–1639)

RAMLER, KARL WILHELM (1725–1798)

RÜCKERT, FRIEDRICH (1788–1866)

SALIS-SEEWIS, JOHANN GAUDENZ GRAF VON (1762–1834)

SCHEFFEL, JOSEPH VICTOR VON (1826–1886)

SCHILLER, FRIEDRICH VON (1759–1805)

SCHLEGEL, FRIEDRICH VON (1772–1829)

SCHLEGEL, JOHANN ELIAS (1719–1749)

STORM, THEODOR (1817–1888)

STRAUSS UND TORNEY, LULU VON (1873–1956)

TIECK, LUDWIG (1773–1853)

UHLAND, LUDWIG (1787–1862)

VOSS, JOHANN HEINRICH (1751–1826)

WIELAND, CHRISTOPH MARTIN (1733–1813)

Viele der folgenden Zitate sind dem 33-bändigen *Deutschen Wörterbuch* von JACOB und WILHELM GRIMM (1785–1863 bzw. 1786–1859) entnommen, in der heute üblichen Groß- und Kleinschreibung wiedergegeben sowie chronologisch nach den Geburtsjahren ihrer Verfasser geordnet. Ausführlicher wird auf *Die schöne Müllerin* von WILHELM MÜLLER

→ Grün in *Die schöne Müllerin*, S. 122

→ Grün in *Der grüne Heinrich*, S. 120

→ Grün in *Der grüne Regen*, S. 122

(1794–1827) eingegangen, die FRANZ SCHUBERT (1797–1828) so einfühlsam vertont hat, sowie auf *Der grüne Heinrich* von GOTTFRIED KELLER (1819–1890) und auf das Gedicht *Der grüne Regen* von MAX DAUTHENDEY (1867–1918).

Autoren in chronologischer Reihenfolge mit Zitaten

Geburtsjahr/VerfasserIn	Zitate
ca. 1546–1590 FISCHART, JOHANN	»aber ich, armer Eulenspiegel, kom nimmer auf ein grünen Hügel«
1597–1639 OPITZ (VON BOBERFELD), MARTIN	»das Graße grünt in voller Pracht« »den grünenden Smaragd und brennenden Rubin«
1607–1676 GERHARDT, PAUL	»das Erdreich decket seinen Staub mit einem grünen Kleide« »mein Herze soll Dir grünen in stetem Lob und Preis«
1616–1664 GRYPHIUS, ANDREAS	»doch grünt die frische Lieb«
1708–1777 HALLER, ALBRECHT VON	»sich grüne Nacht mit güldnem Tage gattet«
1719–1749 SCHLEGEL, JOHANN ELIAS	»ich fordre keinen Ruhm, der aus dem Unrecht grünet« »ihr Harnisch, unter dem der Hoffnung Farbe grünet«
1725–1798 RAMLER, KARL WILHELM	»und sah in dem bethauten Grün / Ein feistes Füllen weiden« »seht, wie das Glück dem Dummen grünet!«
1733–1813 WIELAND, CHRISTOPH MARTIN	»Wie diese Wangen grünen! Wie blau der weite Mund!«

Geburtsjahr/VerfasserIn	Zitate
1740–1815 CLAUDIUS, MATTHIAS	»du kleine, grün umwachsne Quelle«
1744–1803 HERDER, JOHANN GOTTFRIED VON	»wenn Martinswind, wenn wehest du und wehest Grün und Blätter ab?« »Und ich verwelke schon / In bester Jugend Grün« »Woher Gras und Bäume und ein ganzer grünender Frühling noch ohne einen Strahl der Sonne?« »im grünendsten Andenken«
1747–1794 BÜRGER, GOTTFRIED AUGUST	»Geschmückt mit grünen Reisern«
1749–1832 GOETHE, JOHANN WOLFGANG VON	»und grünt des Lebens goldner Baum« »Der Frühling grünte zeitig« »Grau teurer Freund ist alle Theorie, / Und grün des Lebens goldner Baum« »der Hügel Grün, das Grünere der Matten« »Um den grünumschränkten Plan« »Das Wasser will, das unfruchtbare, grünen« »macht Gras und Gartenkräuter grün« »Grünt und blühet / Schön der Mai« »Thäler grünen, Hügel schwellen« »Im Thale grünet Hoffnungsglück« »Nur der Smaragd allein verdient, daß er an deinem Herzen grünt« »Du sähst doch etwas. Sähst wohl in der Grüne / Gestillter Meere streichende Delphine« »Denn wer sich grün macht, den fressen die Ziegen«

Geburtsjahr/VerfasserIn	Zitate
1751–1826 VOSS, JOHANN HEINRICH	»Winde mir ländliches Grün« »Wo unter grün gewölbter Nacht« »Hätt' ich, holde Wilhelmine, / Wie Du lagst in dunkler Grüne, / Dir doch einen Kuß geraubt« »Voll Halme grünt das Land« »wollte Gott, ich grünte noch jetzt in der Fülle der Jugend« (Voß' Übers. v. HOMERS *Odyssee*)
1754–1794 FORSTER, GEORG	»Auch Laub und Gras / Das grünet schon«
1759–1805 SCHILLER, FRIEDRICH VON	»Die Felder decken sich mit neuem Grün« »Das Mädchen sitzet an Ufers Grün« »Amalias Liebe machte den brennenden Sand unter ihm grünen« »Und das schönste Gemisch von blühenden Feldern, / Goldenen Saaten und grünenden Wäldern« »Wem die Locken noch jugendlich grünen« »Aus diesem Haupte, wo der Apfel lag, / Wird euch die neue, bessre Freiheit grünen« »O! daß sie ewig grünen bliebe, / Die schöne Zeit der jungen Liebe!« »Unsere Bekanntschaft ist noch grün« »Was für Grünröck mögen das sein?«
1762–1834 SALIS-SEEWIS, JOHANN GAUDENZ GRAF VON	»ach, sie entschwand im Grün der Gartenlaube«
1763–1825 JEAN PAUL, eigtl. JOHANN PAUL RICHTER	»das magische Christuskind mit grüngoldenem Gefieder«

Geburtsjahr/VerfasserIn	Zitate
1770–1843 HÖLDERLIN, FRIEDRICH	»Der Eichenbüsche sonnenhelles Grün«
1772–1829 SCHLEGEL, FRIEDRICH VON	»Im Grün der Jugend flammte hoch der Muth«
1772–1801 NOVALIS, eigtl. FRIEDRICH FREIHERR VON HARDENBERG	»Die Erde regt sich, grünt und lebt« »Es färbte sich die Wiese grün«
1773–1853 TIECK, LUDWIG	»Der Baum hatte seine Grüne, / Die Blätter, schon gewonnen.« »Und die Erde grünte grüner«
1778–1842 BRENTANO, CLEMENS	»Grünt ihm der Lorbeer, den der Sieg ihm gab« »Nebeneinander stehen, vereint grünen und welken, alles das gehört zum Walde« »Und lange wird der Frauen Reich nicht grünen«
1781–1831 ARNIM, ACHIM VON	»Sie ging wohl in das grüne Holz« »Grün im Grünen glänzen Stellen, / Wo die Engel nachts getanzet«
1781–1838 CHAMISSO (DE BONCOURT), ADELBERT VON	»Kein Quell, kein Grün, von Leben keine Spur!«
1787–1862 UHLAND, LUDWIG	»Begrabt mich unter breiter Eich' / Im grünen Vogelsang« »O Tanne! du bist ein edler Zweig, du grünest Winter und die liebe Sommerzeit. Wenn alle Beume dürre sein so grünest du, edles Tannenbeumelein!«

Betrübte junge Frau. Nach dem Ball (1899) von Ramon Casas, S. 116/117

Geburtsjahr/VerfasserIn	Zitate
1787–1862 UHLAND, LUDWIG	»Der Grünling frisch, der Grünling frisch satzt sich zu oberst an den Tisch«
1788–1857 EICHENDORFF, JOSEPH FREIHERR VON	»Aus der Grüne, aus dem Schein / Ruft es lockend: Ewig Dein!« »Tief in wundersamer Grüne steht das Schloß, schon halb verfallen«
1788–1866 RÜCKERT, FRIEDRICH	»und hier mir sproßt des Lebens grünster Baum« »denn faul von euch sind selbst die grünsten« »Mit seinem grünen mir so lieben Flimmer« »und ein Fest erblüh' uns auf dem Grüne« »diese Tanne, grünbelaubt« »Du, auf dessen Gartenbeeten / Wuchert ew'gen Lenzes Grünheit«
1791–1872 GRILLPARZER, FRANZ	»Das wieder grün macht die zerstampften Auen« »Und nichts als Brot und grüne Kost zur Nahrung«
1791–1813 KÖRNER, THEODOR	»Ach, des Haines düstre Grüne«
1794–1827 MÜLLER, WILHELM	»Weil unsre Lieb' ist immergrün, / Weil grün der Hoffnung Fernen blühn«
1797–1848 DROSTE ZU HÜLSHOFF, ANNETTE FREIIN VON	»Das junge Grün empfängt die blühnden Glieder« »im grün umhegten Haus« »Wenn du mir freundlich reichtest deine Hand, / Und wir zusammen durch die Grüne wallten«

Geburtsjahr/VerfasserIn	Zitate
1797–1856 HEINE, HEINRICH	»Die Schmeicheläuglein spielen ins Grüne« »Unser Sommer ist nur ein grün angestrichener Winter«
1798–1874 HOFFMANN VON FALLERSLEBEN, AUGUST HEINRICH	»Im klaren, grünumbuschten Quell« »Wenn sie stehn in voller Grüne / Welken sie und fallen ab«
1802–1827 HAUFF, WILHELM	»mit seinem Körper den grünenden Rasen decken«
1804–1875 MÖRIKE, EDUARD	»Und für die Kurzweil nahm sie der langen grünenden Blätter / Einige, schön zur Schleife sie biegend«
1815–1884 GEIBEL, EMANUEL	»Dann grünt es über ein Weilchen«
1816–1895 FREYTAG, GUSTAV	»draußen grünte der Frühling«
1817–1888 STORM, THEODOR	»Den grünsten Efeu haben wir gepflückt« »Wie schön die Wälder grünen!«
1819–1890 GOTTFRIED KELLER	»Die Kleidung, welche ich damals erhielt, war grün, da meine Mutter aus den Uniformstücken des Vaters eine Tracht für mich schneiden ließ, für den Sonntag einen Anzug und für die Werktage einen«
1826–1886 SCHEFFEL, JOSEPH VICTOR VON	»Ihr Gedächtnis sei gesegnet und ihr Gebein grüne an seinem Ort!«
1834–1912 DAHN, FELIX	»aus Italiens grünsten Myrtenhecken«

Geburtsjahr/VerfasserIn	Zitate
1866–1914 LÖNS, HERMANN	»Ja grün ist die Heide, / Die Heide ist grün, / Aber rot sind die Rosen, / Wenn sie da blühn«
1867–1918 DAUTHENDEY, MAX	»Zieht einen grünen Regen durchs Grau« »Wohin der grüne Regen dann trat, / Grünt ein Liebesgedanke, und grünt ein Blatt.« »Kommen wieder zur Erde in grünen Scharen. / Die blaue Leere auf allen Wegen füllt grüner Regen«
1873–1956 STRAUSS UND TORNEY, LULU VON	»Grüne Zeit, Schwester Buche, grüne, grüne Zeit!« »Sonne, hohe Sonne! eine Schlanke sang in den Wind, / Deiner grünen rauschenden Kinder, siehe, wie viele es sind!« »Wir brennen in grünen Feuern entgegen deinem Brand« »Gelobt sei die hohe Sonne! Grüne, grüne Zeit!«

GRÜN IN *DER GRÜNE HEINRICH* *Der grüne Heinrich* (1855) ist der erste Roman des Schweizer Schriftstellers GOTTFRIED KELLER (1819–1890). Der Text steht in der Tradition des Bildungsromans. Sowohl im Aufbau als auch in der Sprache merkt man ihm die Orientierung an JOHANN WOLFGANG VON GOETHES (1749–1832) *Wilhelm Meister* an. Das zentrale Thema dieses Werkes ist die Erziehung des Menschen zu einem Staatsbürger. Woher der Roman seinen Namen hat, schildert der grüne Heinrich selbst im ersten Teil des 9. Kapitels »Schuldämmerung«:

»Die Kleidung, welche ich damals erhielt, war grün, da meine Mutter aus den Uniformstücken des Vaters eine Tracht für mich schneiden ließ, für den Sonntag einen Anzug und für die Werktage einen. Auch fast alle nachgelassenen bürgerlichen Gewänder waren von grüner Farbe; bis zu meinem zwölften Jahre aber reichte der Nachlaß zur Herstellung von grünen Jacken und Röcklein aus bei der großen Strenge und Aufmerksamkeit der Mutter für Schonung und Reinhaltung der Kleider, so daß ich von der unveränderlichen Farbe schon früh den Namen ›grüner Heinrich‹ erhielt und in unserer Stadt trug. Als solcher machte ich in der Schule und auf der Gasse bald eine bekannte Figur und benutzte meine grüne Popularität zur steten Fortsetzung meiner Beobachtungen und chorartiger Teilnahme an allem, was geschah und gehandelt wurde.«

In KELLERS Werk, das als weitgehend autobiografisch gilt, steht die grüne Farbe von Heinrichs Kleidung zum einen für die Hoffnung der Jugend auf ein erfülltes Leben. Zum anderen repräsentiert sie aber auch gerade die Naivität, Unerfahrenheit und Unreife des Hauptprotagonisten sowohl in beruflichen wie finanziellen Belangen, aber vor allem in der Liebe, aus denen der grüne Heinrich im Verlauf des Romans nicht hinauswachsen wird. Sein Realitätssinn bleibt durch seine romantische Weltsicht getrübt. Dies wird ganz besonders deutlich in der ersten Fassung, die KELLER später nochmals stark überarbeitete, in der der grüne Heinrich nach der Rückkehr in seine Heimatstadt seine Mutter nur noch auf dem letzten Gang zum Grab begleiten kann, um dann selbst kurze Zeit später zu versterben. Sein Grab ist schnell mit grünem Gras bedeckt.

GRÜN IN *DER GRÜNE REGEN* Augenfällig an der Lyrik von MAX DAUTHENDEY (1867–1918) ist ihre Farbigkeit. Ob das daran liegt, dass DAUTHENDEY ursprünglich Maler war? Jedenfalls darf in einem Buch zum Thema Grün sein Gedicht *Der grüne Regen* (1909) nicht fehlen. In ihm finden sich all die positiven Assoziationen zur Farbe Grün wieder, die mit Frühling, Neubeginn, Fruchtbarkeit und aufkeimender Liebe verbunden sind:

Der grüne Regen

Der Frühlingswolken wandernde Herde
Schleift wie mit Haaren die Erde;
Zieht einen grünen Regen durchs Grau,
Jeder Tropfen wird heute ein Blatt auf der Au.
Wohin der grüne Regen dann trat,
Grünt ein Liebesgedanke, und grünt ein Blatt.
Gedanken und Blätter, die verwunschen waren,
Kommen wieder zur Erde in grünen Scharen.
Die blaue Leere auf allen Wegen füllt grüner Regen.

GRÜN IN *DIE SCHÖNE MÜLLERIN* Der insgesamt 20 Lieder umfassende Liederzyklus *Die schöne Müllerin* wurde von FRANZ SCHUBERT (1797–1828) im Jahr 1823 nach Gedichten von WILHELM MÜLLER (1794–1827) komponiert. Die Urtexte dieses in der Romantik oft bedienten Themas der nicht erwiderten Liebe entstanden als Gemeinschaftsproduktion in einem Literatursalon, in dem WILHELM MÜLLER Mitglied war. Da er Müller hieß, fiel ihm die Rolle des Müllerburschen zu, was insofern folgerichtig scheint, war er doch zu dieser Zeit selbst unglücklich in die Dichterin LUISE HENSEL verliebt.

Auch SCHUBERT kannte sich mit dem Thema der uner-
füllten Liebe persönlich aus, allerdings gab er der ironisch
gehaltenen literarischen Vorlage eine andere Stimmung. Die
Lieder beginnen froh und hoffnungsvoll, erzählen sie doch
von der aufkeimenden Liebe zwischen einem jungen Müller-
gesellen auf Wanderschaft und der Tochter eines Müllers.
Als sich die Müllerstochter jedoch für einen Jäger und gegen
den Helden der Geschichte entscheidet, verfällt dieser in
tiefe Depressionen – widergespiegelt durch die traurigen, in
Moll gehaltenen Lieder. Der Zyklus endet damit, dass der
Müllerbursche sich in einem Bach ertränkt. Der Bach nimmt
im gesamten Liederzyklus eine ganz besondere Rolle ein, da
er vom Müllersjungen immer wieder direkt angesprochen
und auch um Antwort gebeten wird. Erst im vorletzten Lied
antwortet der Bach schließlich, bevor er dem jungen Müller
im letzten Teil *(Des Baches Wiegenlied)* ein Totenlied singt.

In dreien der Lieder (13., 16. und 17.) dominiert die Farbe
Grün den Text. Das 13. Lied *Mit dem grünen Lautenbande*
ist eines der letzten fröhlichen Lieder. Hier ist der Müller-
geselle noch ganz beseelt von seiner Liebe und schenkt der
Müllerstochter ein grünes Band von seiner Laute, da sie
Grün so gern mag. Dass sie die Farbe Grün mit ihrer neuen
Liebe zum Jäger verbindet, davon ahnt der arme Müller-
geselle noch nichts:

13. Lied: *Mit dem grünen Lautenbande*

»Schad' um das schöne grüne Band,
Daß es verbleicht hier an der Wand,
Ich hab' das Grün so gern!«
So sprachst du, Liebchen, heut' zu mir;
Gleich knüpf' ich's ab und send' es dir:
Nun hab' das Grüne gern!

Ist auch dein ganzer Liebster weiß,
Soll Grün doch haben seinen Preis,
Und ich auch hab' es gern.
Weil unsre Lieb' ist immergrün,
Weil grün der Hoffnung Fernen blühn,
Drum haben wir es gern.

Nun schlingst du in die Locken dein
Das grüne Band gefällig ein,
Du hast ja's Grün so gern.
Dann weiß ich, wo die Hoffnung wohnt,
Dann weiß ich, wo die Liebe thront,
Dann hab ich's Grün erst gern.

Das 16. Lied *Die liebe Farbe* und das 17. Lied *Die böse Farbe*
zeichnen die Krise auf, in der sich der junge Müller befindet
zwischen seiner Niedergeschlagenheit, dem Tun des leicht-
sinnigen Mädchens und dem Glück des grünen Rivalen. Der
Wortlaut dieser »grünen Lieder« verdeutlicht in trefflicher
Weise die Bandbreite der Gefühle, die durch das Farbenwort
vermittelt werden.

16. Lied: *Die liebe Farbe*

In Grün will ich mich kleiden,
In grüne Tränenweiden:
Mein Schatz hat's Grün so gern.
Will suchen einen Zypressenhain,
Eine Heide von grünem Rosmarein:
Mein Schatz hat's Grün so gern.

[...]

Grabt mir ein Grab im Wasen,
Deckt mich mit grünem Rasen:
Mein Schatz hat's Grün so gern.
Kein Kreuzlein schwarz, kein Blümlein bunt,
Grün, alles grün so rings und rund!
Mein Schatz hat's Grün so gern.

17. Lied: *Die böse Farbe*

Ich möchte ziehn in die Welt hinaus,
Hinaus in die weite Welt;
Wenn's nur so grün, so grün nicht wär',
Da draußen in Wald und Feld!

Ich möchte die grünen Blätter all'
Pflücken von jedem Zweig,
Ich möchte die grünen Gräser all'
Weinen ganz todtenbleich.

Ach Grün, du böse Farbe du,
Was siehst mich immer an,
So stolz, so keck, so schadenfroh,
Mich armen weißen Mann?

[...]

O binde von der Stirn dir ab
Das grüne, grüne Band;
Ade, ade! Und reiche mir
Zum Abschied deine Hand!

🖼 Im Innern des
Sultan-Amir-Ahmad-
Hamams in Kaschan/
Iran, S. 126/127

GRÜNLICHE OBJEKTE IN DEUTSCHEN BUCHTITELN Das Durchforsten – um bei einer Tätigkeit zu bleiben, die etwas mit Grün zu tun hat – der Generalkataloge des deutschen Buchhandels und der Landesbibliotheken fördert über 300 Titel zutage, die das Wort »grün« als Adjektiv oder Wortstamm enthalten. Es würde Autor und Leser ermüden, hier alle Titel mit Verfasser und Verlag aufzulisten. Andererseits erscheint es amüsant, die Objekte – Personen, Tiere, Pflanzen, Einrichtungen, Gegenstände – aufzuführen, die mit »grün« apostrophiert werden. Hätten Sie ein grünes Akkordeon, einen grünen Papst, ein grünes Kaninchen oder einen grünen Orgasmus erwartet?

Buchtitel mit grünlichen Objekten

Objekt	AutorIn/Hrsg.	Buchtitel
Akkordeon	PROULX, A.	*Das grüne Akkordeon*
Anlagen	PFEIFFER, H.	*Grüne Anlagen*
Apfel	FELLER, K.	*Vier grüne Äpfel, bitte!*
Aquarium	SUTZKEVER, A.	*Griner Akwarium – Grünes Aquarium*
Auge	BÉQUER, G. A.	*Die grünen Augen*
	CASATI MODIGNANI, S.	*Anna mit den grünen Augen*
	DURAS, M.	*Die grünen Augen*
	O'BRIEN, E.	*Das Mädchen mit den grünen Augen*
Banditen	ZEBE, W.	*Die grünen Banditen*
Baum	ARNIM, C. VON	*Der grüne Baum des Lebens*

Objekt	AutorIn/Hrsg.	Buchtitel
Brand	WALLACE, E.	*Der Grüne Brand*
Brevier	PACHUCKI, H.	*Das Grüne Brevier*
	LÖNS, H.	*Mein grünes Brevier*
Buch	LÖNS, H.	*Mein grünes Buch*
Christus	RIEDEL, I.	*Marc Chagalls Grüner Christus*
Dämmerlicht	MAREK, E.	*Im grünen Dämmerlicht*
Daumen	EKKER, E. A.	*Die Dame mit dem grünen Daumen und andere Mitweltgeschichten aus der Heimat*
	DRUON, M.	*Tistou mit dem grünen Daumen*
Drache	FUCHS, U.	*Der kleine grüne Drachen*
Feld	WÖLFEL, U.	*Die grauen und die grünen Felder*
Ferien	MARTINELLI, M. / ROMEO, P.	*Grüne Ferien in Italien*
Feuer	MUELLER, M.	*Grüne Feuer*
	RYAN, M.	*Grünes Feuer*
Fürst	OHFF, H.	*Der grüne Fürst*
Geist	ARTHUR, R.	*Die drei ??? und der grüne Geist*
Geld	DEML, M. / BLISSE, H.	*Grünes Geld*
Gesicht	MEYRINK, G.	*Das grüne Gesicht*

Objekt	AutorIn/Hrsg.	Buchtitel
Gewölbe	ARNOLD, U. / KAPPEL, J. / SYNDRAM, D.	*Das Grüne Gewölbe zu Dresden*
Göttin	CALDECOTT, M.	*Die Grüne Göttin und der König der Schatten*
Grab	HILBIG, W.	*Grünes grünes Grab*
Granit	BULLERDIEK, B.	*Flattern auf grünem Granit*
Gras	O'HARA, M.	*Grünes Gras der Weide*
Grotte	PEDRAZZA, A. / RENZI, R.	*Akim – Der Gefangene der grünen Grotte*
Gurke	LENTZ, G.	*Grüß, grüne Gurke, den Spreewald*
Haare	BURON, N. DE	*Und dann noch grüne Haare!*
Hand	BLYTON, E.	*Rätsel um die grüne Hand*
Haus	VARGAS LLOSA, M.	*Das grüne Haus*
Heimat	WILLIAMS, N.	*Unsere grüne Heimat*
Heinrich	KELLER, G.	*Der grüne Heinrich*
Hering	ERLBRUCH, W.	*Zehn grüne Heringe*
Herz	BIEWALD, H.	*Das grüne Herz Deutschlands*
Hexe	SCHEFFLER, U.	*Die grüne Hexe*
Himmel	GALLANT, M.	*Grünes Wasser, grüner Himmel*

Objekt	AutorIn/Hrsg.	Buchtitel
Hölle	DOLLINGER, G.	*Das Paradies in der grünen Hölle*
	WOLF, S.	*TKKG – Unternehmen Grüne Hölle*
Hotel	BUKOWSKI, C.	*Die Girls im grünen Hotel*
Hügel	HEMINGWAY, E.	*Die grünen Hügel Afrikas*
Huhn	POLLMANN, U.	*Im Netz der grünen Hühner*
Ingwer	LANGLEY, N.	*Das Land des grünen Ingwers*
Insel	HETMANN, F.	*Kinder der grünen Insel*
	MECKLENBURG, N.	*Die grünen Inseln*
	O'FLAHERTY, L.	*Zornige grüne Insel*
	SHEEHY, T.	*Irland. Landschaft und Kultur der grünen Insel*
	TIEGER, M. P.	*Irland. Die grüne Insel*
Jahr	MERLE, R.	*In unseren grünen Jahren*
Jockey	ASKENAZY, L.	*Der grüne Jockey*
Juni	STRITTMATTER, E.	*Grüner Juni*
Kaninchen	WELTERS, B.	*Ich sah das grüne Kaninchen*
Kater	RÜTTING, B.	*Ach du grüner Kater*
Katze	MCNEIL, D. / MERCIE, T.	*Als die Katzen noch grün waren*
Klee	BRANDSTETTER, A.	*Über den grünen Klee der Kindheit*

Objekt	AutorIn/Hrsg.	Buchtitel
Kleid	MOORE, I.	Die Fremde im grünen Kleid
Kochbuch	SOMERVILLE, A.	Das große grüne Kochbuch
Krötchen	CHERRILL, P. / MEBS, G.	Zehn grüne Krötchen
Küche	ADAM, C.	Die neue grüne Küche
Kulissen	HARTUNG, R.	Vor grünen Kulissen
Land	EDEN, D.	Wildes grünes Land
Leuchte	STRACHAN, I.	Die grünen Leuchten
Macher	PEARCE, F.	Die grünen Macher
Mann	ANDERSON, W.	Der grüne Mann
Männchen	MALLET, P.	Das große Buch der kleinen grünen Männchen
Mars	ROBINSON, K. S.	Grüner Mars
Maske	KUHN, W.	Die grüne Maske
Meer	AHO, H.	Das ferne grüne Meer
Metropole	KOSSAK, E.	Hamburg. Die grüne Metropole
Nachmittag	HAPPEL, L.	Grüne Nachmittage
Nelken	BARTHOLOMAE, J. (Hrsg.)	Grüne Nelken
Oase	WEIDINGER, H.-J.	Grüne Oase ums Haus
Oliven	MÜLLER-ENSSLIN, G.	Grüne Oliven und andere köstliche Geschichten

Naturbelassener Regenwald in Thailand, S. 133

Objekt	AutorIn/Hrsg.	Buchtitel
Orgasmus	REICH, H.	*Der grüne Orgasmus*
Papst	ASTURIAS, M. A.	*Der grüne Papst*
Paradies	JOYCE, D.	*Grüne Paradiese auf Balkon und Terrasse*
	STEIN, S.	*Kleine grüne Paradiese*
Pfeil	ULBRICH, R. / KÄMPER, A.	*Grüner Pfeil und Rennpappe*
Pfote	BÜSCHER, A.	*Konrad mit den grünen Pfoten*
Punkt	BÜNEMANN, A. / RACHUT, G.	*Der grüne Punkt*
Raupe	CRATZIUS, B. / KUNSTREICH, P.	*Die Geschichte von der dicken grünen Raupe*
Reiter	BRITAIN, K.	*Grüner Reiter*
Ritter	MARKUS, M. (Hrsg. / Übers.)	*Sir Gawain und der grüne Ritter*
Römer	VÖGLER, G.	*Öko-Griechen und grüne Römer?*
Sau	HEINE, H.	*Roter König, Grüne Sau*
Schiff	BLAKE, Q.	*Das grüne Schiff*
Schlange	ENDRES, H.	*Goethes Märchen von der weißen Lilie und der grünen Schlange*
	WOLOSCHIN, M.	*Die grüne Schlange*
Schnee	JANISCH, H.	*Grüner Schnee, roter Klee*
Schuhe	SCHERRMANN, C.	*Frau mit grünen Schuhen*

Objekt	AutorIn/Hrsg.	Buchtitel
Schwanz	LIONNI, L.	*Die Maus mit dem grünen Schwanz*
See	BINCHY, M.	*Der grüne See*
Skarabäus	VANDENBERG, P.	*Der grüne Skarabäus*
Spiegel	MOOG, C.	*Aus tausend grünen Spiegeln*
	SCHLICHTEN-MAIER, H. et al.	*Aus tausend grünen Spiegeln*
Star	LEYDHECKER, W.	*Alles über grünen Star*
Stauden	CHATTO, B.	*Im Reich der grünen Stauden*
Stein	KONSALIK, H. G.	*Der Fluch der grünen Steine*
Taunus	BODE, H.	*Zwischen Main und grünem Taunus*
Technik	VAN DEN DAELE, W. et al.	*Grüne Technik im Widerstreit*
Tee	BAYER, K. H.	*Gesund durch Grünen Tee*
Tod	RANGEL, P.	*Der grüne Tod*
Tomate	FLAGG, F.	*Grüne Tomaten*
Traum	GEERK, F.	*Das Ende des grünen Traums*
Uhr	LUCHT, I. / SPANGENBERG, C.	*Die Grüne Uhr*
Vogel	GULBRANSSON, G.	*Der grüne Vogel des Äthers*
Wal	KLEMM, W.	*Jonas und der Grüne Wal*

Objekt	AutorIn/Hrsg.	Buchtitel
Wasser	GALLANT, M.	*Grünes Wasser. Grüner Himmel*
Weg	FELSMANN, E.	*Auf grünen Wegen*
Wiese	GRASS, G.	*Meine grüne Wiese*
Wildnis	WENDELBERGER, E.	*Grüne Wildnis am großen Strom*
Witwe	CORMANN, M.	*Der Club der grünen Witwen*
	PETERS, E.	*Grüne Witwe am Sonntag*
Wolke	NEILL, A.S.	*Die grüne Wolke*
Wunder	BERGMANN, H.	*Kleine grüne Wunder*
Zeit	BÜRK, R. / WAIS, B.	*Grüne Zeiten, schwarze Zahlen*
	KLIER, W.	*Grüne Zeiten*
Zelt	WEYRAUCH, W.	*Das grüne Zelt*
Zimmer-pflanzen	YORK, U.	*Grüne Zimmerpflanzen*
Zunft	ERDMANN-DEGENHARDT, A. (Hrsg.)	*Weites Land und grüne Zunft*
Zweig	JÜNGER, F. G.	*Grüne Zweige*

GRÜN UND DIE HOFFNUNG IN BRECHTS *DIE PAPPEL* Als BERTOLT BRECHT (1898–1956) im Jahr 1950 das Kinderlied *Die Pappel* schrieb, verband er äußerst einfache Sprache mit direkter Wirkung. Das Grün der Pappel steht für die

Hoffnung der Menschen auf eine bessere Zukunft oder auch für BRECHTS eigene Hoffnung auf das Gute im Menschen – wenige Jahre nach Ende des Zweiten Weltkriegs in Deutschland ein mutiges Begehren.

Die Pappel

Eine Pappel steht am Karlsplatz
Mitten in der Trümmerstadt Berlin.
Und wenn die Leute gehen über den Karlsplatz
Sehen sie ihr freundlich Grün.
In dem Winter sechsundvierzig
Fror'n die Menschen und das Holz war rar,
Und es fielen viele Bäume
Und es wurd ihr letztes Jahr.

Doch die Pappel dort am Karlsplatz
Zeigt uns heute noch ihr grünes Blatt:
Seid bedankt, Anwohner vom Karlsplatz
Daß man sie noch immer hat.

GRÜN UND JACK LONDONS *MEUTEREI AUF DER ELSINORE*

Im Jahr 1914 erschien der Roman *Meuterei auf der Elsinore* (Originaltitel: *The Mutiny of the Elsinore*) des US-amerikanischen Schriftstellers JACK LONDON (1876–1916). Der folgende Textauszug beschreibt die farblichen Schattierungen des Grünen Strahls, einer physikalischen Erscheinung, die bei Sonnenuntergängen auftreten kann:

→ Grüner Strahl, S. 15

»Dann kam die große Farbenorgie, deren dominierender Ton grün war. Alles war grün, grün und wieder grün – das Blaugrün des Frühlings und das welke Grün, das Gelbgrün und das lohfarbene Grün des Herbstes, Orangegrün, Goldgrün und Kupfergrün. Und alle diese grünen Töne waren von einem Reichtum, der jeder Beschreibung spottet … und dann verschwand und verwelkte der ganze Reichtum, dieses grüne Farbenspiel, und verbreitete sich über die grauen Wolken und über die See, die nun das wundervolle goldene Rot blanken Kupfers annahm, während die Tiefe in ihrer weichen, seidigen Fläche von dem duftigsten Erbsengrün getönt wurde.«

NEWTON UND GOETHE: *OPTICKS* UND *FARBENLEHRE* JOHANN WOLFGANG VON GOETHE (1749–1832) sah sich selbst nicht nur als Schriftsteller, sondern vor allem als Universalgelehrten und Naturforscher. Ganz besonders hatte es ihm die Farbenlehre angetan, wie er seinem Freund JOHANN PETER ECKERMANN (1792–1854) im Jahr 1829 schrieb:

»Auf alles, was ich als Poet geleistet habe, bilde ich mir gar nichts ein. […] Daß ich aber in meinem Jahrhundert in der schwierigen Wissenschaft der Farbenlehre der einzige bin, der das Rechte weiß, darauf tue ich mir etwas zugute.«

Dieses »Rechte« schrieb GOETHE im Jahr 1810 in seiner Abhandlung *Zur Farbenlehre* nieder, in welcher er nicht nur direkt Stellung nahm zu einem der Hauptwerke auf diesem Gebiet, *Opticks* (1704) von ISAAC NEWTON (1642/43–1726/27), sondern die Ansichten des englischen Naturforschers auch zu widerlegen versuchte. NEWTON hatte mit seinem Prismen-Experiment gezeigt, dass sich weißes Licht aus verschiedenen Farben zusammensetzt. Gleichzeitig hatte er demonstriert, wie ein Regenbogen entsteht. Der Erkenntnis NEWTONS, dass Weiß alle Farben enthält, wiedersprach GOETHE vehement. Für ihn war »die Farbe« eine Einheit, und die verschiedenen Farben bildeten sich durch das Zusammenwirken von Hell und Dunkel. So erfand GOETHE seinen Farbkreis mit den zwei Hauptfarben Gelb (Hell, Licht) und Blau (Dunkel, Finsternis), die sich als Pole gegenüberstehen sollten. Durch Aufhellen bzw. Verdunkeln entstünden die anderen Farben, darunter auch Grün, als Mischfarben:

»Das Licht ist das einfache, unzerlegteste, homogenste Wesen, das wir kennen. Es ist nicht zusammengesetzt. Am allerwenigsten aus farbigen Lichtern. Jedes Licht, das eine Farbe angenommen hat, ist dunkler als das farblose Licht. Das Helle kann nicht aus Dunkelheit zusammengesetzt sein. – Es gibt nur zwei reine Farben, Blau und Gelb. Eine Farbeigenschaft, die beiden zukommt, Rot, und zwei Mischungen, Grün und Purpur; das übrige sind Stufen dieser Farben oder unrein.«

Auch wenn GOETHE damit grundlegend falsch lag, ist seine wissenschaftliche Arbeit für die Bedeutung der Farbenlehre dennoch nicht zu unterschätzen. NEWTONS Ansatz beruhte auf einem rein physikalischen Erklärungsmodell; GOETHE hingegen brachte die wichtige Komponente der Sinneswahrnehmung von Farben, die sich aus seiner Naturbeobachtung ergab, in die Diskussion ein.

ORTLEPPS *DIE GRÜNE STADT* Die Grüne Stadt ist nicht nur ein in den 1920er-Jahren entstandener Wohnraumkomplex im Prenzlauer Berg im Norden Berlins, sondern auch der Titel eines Gedichts des deutschen Schriftstellers ERNST ORTLEPP (1800–1864). In seinem von vielen Tiefpunkten geprägten Leben schaffte es ORTLEPP, gleich zwei bedeutende Männer auf sich aufmerksam zu machen. Auf der einen Seite zog er mit seiner kritischen Schrift *Fieschi. Ein poetisches Nachtstück* über das missglückte Attentat auf den französischen König LOUIS PHILIPPE (1773–1850) den Zorn des reaktionären österreichischen Staatskanzlers FÜRST VON METTERNICH (1773–1859) auf sich. Auf der anderen Seite war ORTLEPP Vorbild und schöpferischer Förderer für keinen Geringeren als FRIEDRICH NIETZSCHE (1844–1900). ORTLEPPS Gedicht *Die grüne Stadt* (1852) ist heute noch als Kindergedicht beliebt.

Die grüne Stadt

Ich weiß euch eine schöne Stadt,
Die lauter grüne Häuser hat;
Die Häuser, die sind groß und klein,
Und wer nur will, der darf hinein.

Die Straßen, die sind freilich krumm,
Sie führen hier und dort herum,
Doch stets gerade fortzugehn,
Wer findet das wohl allzuschön?

Die Wege, die sind weit und breit
Mit bunten Blumen überstreut,
Das Pflaster das ist sanft und weich,
Und seine Farb' den Häusern gleich.

Es wohnen viele Leute dort,
Und alle lieben ihren Ort,
Ganz deutlich sieht man dies daraus,
Daß jeder singt in seinem Haus.

Die Leute, die sind alle klein,
Denn es sind lauter – Vögelein,
Und meine ganze grüne Stadt
Ist, was den Namen »Wald« sonst hat.

SMARAGDSTADT IN *DER ZAUBERER VON OZ* In seinem Werk
Der Zauberer von Oz (Originaltitel: *The Wonderful Wizard
of Oz*, 1900) beschreibt der US-amerikanische Autor LYMAN
FRANK BAUM (1856–1919) eine Smaragdstadt, in der der → Smaragd, S. 26
Zauberer von Oz wohnt. Um von ihrem grellen grünen Licht
nicht geblendet zu werden, tragen alle Bewohner und Besucher von Smaragdstadt eine spezielle Sonnenbrille. Teile der
Literaturforschung interpretieren die Smaragdstadt als eine
Anspielung des Autors auf das US-amerikanische Finanz-
wesen und die grünlichen Dollarscheine, auch *Greenbacks* → Greenback, S. 195
genannt. Zur Entstehungszeit von *Der Zauberer von Oz* gab
es in den USA finanzpolitische Auseinandersetzungen um die
Prägung von Silbermünzen und den Goldstandard als Ge-
genwert zum Papiergeld. Chaos und Unsicherheit machten
sich breit, und die wirtschaftlich einflussreichen Kreise der
USA gerieten in Verdacht, die einfache Bevölkerung zu täuschen und mit dem grünen Papiergeld nur scheinbar Wert
zu schaffen. In diesem Sinne erscheint die schimmernde
Smaragdstadt als ein Ort der Illusionen, in dem der Zauberer
als Stellvertreter der Politik den Menschen etwas vorgaukelt.

STORMS *EIN GRÜNES BLATT* Das im Jahr 1852 entstandene
Gedicht *Ein grünes Blatt* stammt von dem deutschen Dichter THEODOR STORM (1817–1888) und beschreibt, wie sich
der Ich-Erzähler an ein grünes Blatt erinnert, das er an einem unbeschwerten Sommertag bei einem Waldspaziergang
aufgesammelt hat. Eingebettet ist das Gedicht in die Novelle

Ein grünes Blatt (1853) über einen jungen Soldaten mitten im Krieg, dessen großer Schatz ein alter Gedichtband ist, in dem er ein getrocknetes Buchenblatt aufbewahrt.

Ein grünes Blatt

Ein Blatt aus sommerlichen Tagen,
Ich nahm es so im Wandern mit,
Auf daß es einst mir möge sagen,
Wie laut die Nachtigall geschlagen,
Wie grün der Wald, den ich durchschritt.

KUNST

AKT MIT GRÜNEN BLÄTTERN UND BÜSTE PABLO PICASSO (1881–1973) verewigte in seinem *Akt mit grünen Blättern und Büste* aus dem Jahr 1932 ein Porträt seiner Geliebten MARIE-THÉRÈSE WALTER (1909–1977). Bekannt ist PICASSOS sogenannte Blaue Periode; eine Grüne Periode sucht man vergebens. Allerdings ist zu berücksichtigen, dass PICASSO zu Beginn der Blauen Periode gerne bläulichgrüne Farbtöne verwendete. Der *Akt mit grünen Blättern und Büste* gilt als nahezu unbekannt, da PICASSO das Bild nur ein einziges Mal der Öffentlichkeit offenbarte, und zwar 1961 auf einer Ausstellung zu seinem 80. Geburtstag. Im Jahr 2010 erzielte das Werk einen rekordverdächtigen Auktionspreis von umgerechnet 80 Millionen Euro, die ein anonymer Käufer geboten hatte. Mehr ist bislang für kein anderes PICASSO-Gemälde gezahlt worden.

BERLINER GRÜNE KOPF Der *Berliner Grüne Kopf* ist ein altägyptischer Statuenkopf eines unbekannten Meisters, der zwischen dem 7. und 1. Jahrhundert v. Chr. entstand und heute im Ägyptischen Museum in Berlin zu sehen ist. Name, Stellung und Lebensumstände des abgebildeten Mannes sind nicht bekannt. Lediglich die Kahlköpfigkeit weist den Dargestellten als Priester aus. Der Kopf stellt, was für die altägyptische Kunst selten ist, einer eher ältere Person dar. Der Kopf ist nicht grün bemalt, sondern gänzlich aus grünlicher Grauwacke (Siltstein) geschaffen.

DAME IN GRÜNER JACKE AUGUST MACKE (1887–1914) hat für sein expressionistisches Gemälde *Dame in grüner Jacke* (1913) ausgesprochen kräftige Farben gewählt, die in starkem Kontrast zueinander stehen. Dies verleiht den Farbpartien eine innere Strahlkraft, und das Bild scheint von selbst zu leuchten. Gerade in diesem Werk zeigt der Künstler,

wie kraftvoll das Spiel mit Komplementärfarben sein kann. → Grün als Komplementärfarbe, S. 146
MACKE bemerkte dazu:

>>Was ich an Neuem in der Malerei gefunden habe,
ist Folgendes: Es gibt Farbzusammenklänge, meinet-
halben ein gewisses Rot und Grün, die beim An-
sehen sich bewegen, flimmern […]. Wenn du nun
etwas Räumliches malst, so ist der farbige Klang, der
flimmert, räumliche Farbwirkung […]. Diese raum-
bildenden Energien der Farbe zu finden, statt sich
mit einem toten Helldunkel zufrieden zu geben, das
ist unser schönstes Ziel.<<

DIE (GRÜNE) FREIHEITSSTATUE Die imposante New Yorker
Freiheitsstatue kann man zu Recht als monumentales Kunstwerk bezeichnen. Sie wurde in den 1870er-Jahren in Frankreich konstruiert und den US-Amerikanern als Geschenk
überbracht. Bei der 1886 erfolgten Einweihung hatte die
Freiheitsstatue noch eine rötliche Farbe, verursacht durch
ihre Außenschicht aus Kupfer. Durch die im Laufe der Jahre
einsetzende Korrosion (Einwirkung von O_2, CO_2, und SO_2)
erhielt die äußere Kupferschicht eine grüne Patina, weshalb → grüne Patina, S. 14
Lady Liberty die Ankömmlinge im New Yorker Hafen heute
im grünen Kleid und mit grüner Krone – deren sieben
Zacken für die sieben Kontinente stehen – begrüßt.

GRÜN ALS FARBE DER HARMONIE Die Farbe Grün entsteht
bei der Mischung von Gelb und Blau. In dieser Hinsicht bewegt sich die Farbe Grün zwischen dem warmen Gelb und
dem kalt anmutenden Blau und sorgt so für einen harmoni-
sierenden, beruhigenden Ausgleich zwischen diesen beiden
Farbtönen. Auch in der Farbkombination von Rot und Blau

findet sich Grün stets in der harmonischen Mitte wieder: Seit jeher gilt Rot als die Farbe des Feuers, Blau steht für Wasser und Grün symbolisiert die Erde. Während man mit Blau Kälte und Nässe und mit Rot Wärme und Trockenheit assoziiert, verbindet man mit Grün eine angenehme Temperatur und lebendige Feuchtigkeit. Zudem wirkt Rot aktiv, Blau hingegen passiv; Grün wiederum ist eher neutral und strahlt Ruhe aus.

GRÜN ALS KOMPLEMENTÄRFARBE Als Komplementär- oder Ergänzungsfarben werden in der Farbenlehre zwei Vollfarben bezeichnet, die in starkem Kontrast zueinanderstehen. Die Komplementärfarbe von Grün ist Rot. Im sogenannten Farbkreis liegen sich Komplementärfarben genau gegenüber. Sie haben die interessante Eigenschaft, sich gegenseitig auszulöschen, wenn sie miteinander vermischt werden. Setzt man sie jedoch nebeneinander, so können sie sich auch gegenseitig verstärken. In dieser Kombination kann eine Überreizung des Sehsinns erfolgen, der an den Grenzen der Farben ein Flimmern entstehen lässt. Die Mischung von jeweils zwei Grundfarben (Rot, Gelb und Blau) ergibt die Komplementärfarbe der jeweils dritten Farbe.

→ *Dame in grüner Jacke*, S. 144; → Grün in *Das Nachtcafé*, S. 149

Komplementärfarben

Grün (gemischt aus Blau und Gelb) – Rot

Orange (gemischt aus Gelb und Rot) – Blau

Violett (gemischt aus Blau und Rot) – Gelb

⊡ Lichtinstallation (1975) von Dan Flavin, S. 147

GRÜNES CHRISTUS-FENSTER Für christliche Betrachter ist die Dominanz der Farbe Grün im *Grünen Christus-Fenster*, das MARC CHAGALL (1887–1985) als Teil eines Zyklus bis 1970

für das Fraumünster in Zürich schuf, etwas gewöhnungs-
bedürftig, denn die grüne Farbe spielt in der christlichen
Ikonografie ansonsten kaum eine Rolle. Im Sinne der Farbsymbolik ist CHAGALLS Wahl allerdings gut nachvollziehbar, da es sich beim *Grünen Christus-Fenster* um ein Schöp-
fungsbild handelt, das Neubeginn und Hoffnung vermitteln
soll. CHAGALL setzte die Farbe Grün in vielen seiner Werke ein, etwa in *Der grüne Geiger* (1924), *Der grüne Akrobat*
(1979), *Der Jude in Grün* (1914) sowie *Bella in Grün* (1934/35),
das seine Ehefrau zeigt.

GRÜNES GEWÖLBE Das Grüne Gewölbe im Residenzschloss
Dresden ist eine der eindrucksvollsten Schatzsammlungen
Europas. Als das Grüne Gewölbe 1547 entstand, diente es
dem Kurfürsten MORITZ VON SACHSEN (1521–1553) lediglich
zur Aufbewahrung kostbarer Gegenstände und Unterlagen.
Seinen Namen erhielt das Grüne Gewölbe schon damals
durch die zum Teil prunkvoll ausgestatteten Räume, deren

→ Malachit, S. 26

Säulenbasen und -kapitele mit Malachit grün gefärbt waren.
AUGUST DER STARKE (1670–1733) erweiterte das ursprüngliche Grüne Gewölbe und machte es 1724 als eine zeit-
typische sogenannte Wunderkammer für die Öffentlichkeit
zugänglich. Die dort gesammelten Kunstwerke und Kurio-
sitäten sollten vom Publikum bewundert werden und den
Ruhm des Herrschers erhöhen. Unter den heutigen Expo-
naten ist unter anderem der »Dresdener Grüne Diamant«
zu finden, der mit 41 Karat zu den größten Diamanten der
Welt zählt. Seine klare apfelgrüne Farbe ist auf natürliche
Radioaktivität zurückzuführen, der der Diamant in seiner
Lagerstätte ausgesetzt war.

GRÜNE STADT Die Farbe Grün ist in der Malerei häufig dafür
verwendet worden, um – es liegt nahe – die Natur abzubilden.

Und so zeigt das Gemälde *Grüne Stadt* von FRIEDENSREICH HUNDERTWASSER (1928–2000) zwar eine Stadt, die aber auf den ersten Blick durch den übermäßigen Einsatz der grünen Farbe wie das Bild eines Waldes anmutet. Denn die Straßen der Stadt führen unter baumbestandenen Arkaden entlang, die Fußgängerwege sind mit Gras bewachsen und auch die Dächer der Häuser sind begrünt. HUNDERTWASSER schrieb: »Man kann als Maler Architektur erträumen, die dann irgendwann tatsächlich gebaut wird.« In diesem Fall sollte er recht behalten. Denn 2005 wird in Magdeburg die »Grüne Zitadelle« vollendet, ein Wohn- und Geschäftshaus, das HUNDERTWASSER noch vor seinem Tod entworfen hatte und das sich durch eine reiche Begrünung auszeichnet. Das Dach der Zitadelle ist mit Gras und Bäumen bepflanzt, eine große Anzahl an Bäumen befindet sich zudem in den Innenhöfen der Anlage. Einige Bäume wurzeln sogar an den Außenwänden. Diese »Baummieter« werden von den menschlichen Mietern der jeweils angrenzenden Wohnungen gepflegt.

GRÜN IN *DAS NACHTCAFÉ* Eines von VINCENT VAN GOGHS (1853–1890) berühmtesten Bildern aus seiner Zeit in Arles ist *Das Nachtcafé* (nicht zu verwechseln mit *Caféterrasse bei Nacht*), in das er in den Jahren um 1888 öfter einkehrte, um seinen Absinth zu trinken. In seiner Darstellung des → Grüne Fee, S. 197 aufdringlichen Rot-Grün-Kontrasts zwischen den roten Wänden, der grünen Decke und dem grünen Billardtisch experimentiert VAN GOGH mit der Wirkung der Komple- → Grün als Komplementärfarbe, S. 146 mentärfarben. So schreibt er an seinen Bruder THEO:

»Ich habe versucht, mit Rot und Grün die schreck-
lichen menschlichen Leidenschaften auszudrücken.
Der Raum ist blutrot und mattgelb, ein grünes

Billard in der Mitte, vier zitronengelbe Lampen mit orangefarbenen und grünen Strahlenkreisen. Überall ist Kampf und Antithese: in den verschiedensten Grüns und Rots, in den kleinen Figuren der schlafenden Nachtbummler, in dem leeren, trübseligen Raum, im Violett und Blau.«

GRÜN IN DER FARBHERSTELLUNG Natürliche Farbstoffe, die aus Birkenblättern oder anderen Pflanzen gewonnenen werden, bleichen schnell aus und sind nicht sehr lange haltbar. Daher verwendete man schon bei den Wandmalereien im Ägypten der Pharaonen fein gemahlenes Malachit. Die alten Römer stellten ein grünes Pigment aus Grünspan her, das durch Einweichen von Kupferplatten in fermentierendem Wein gewonnen wurde. Ein drittes grünes Farbpigment ist die Grüne Erde, die ein Verwitterungsprodukt von Silikaten ist und als *creta viridis* (= grüne Kreide) in der antiken Wandmalerei weit verbreitet war. Alle drei Arten von grünen Pigmenten kamen noch weit über das Mittelalter hinaus in der Malerei zum Einsatz. Erst das 18. und 19. Jahrhundert brachten die Herstellung von synthetischen grünen Pigmenten. Das sogenannte Schweinfurter Grün etwa wurde aus Kupfer und Arsen hergestellt und galt als extrem luft- und lichtbeständig, findet aber wegen seiner Giftigkeit schon lange keine Anwendung mehr. Seit der zweiten Hälfte des 19. Jahrhunderts sind grüne Pigmente in der Malerei oft anorganische Substanzen, die Chrom oder Kupfer enthalten.

→ Malachit, S. 26

→ Grünspan, S. 22

→ Grüne Erden, S. 27

→ Schweinfurter Grün, S. 23

GRÜN IN DER FARBMISCHUNG Als Farbmischung bezeichnet man die Erzeugung sämtlicher Farben durch die Kombination weniger Grundfarben. In der Farbenlehre werden zwei Farbmischverfahren unterschieden: die additive und die subtraktive Farbmischung. Bei der additiven Farbmischung gehört die Farbe Grün – zusammen mit Blau und Rot – zu den Grund- bzw. Primärfarben. Werden zwei der drei Grundfarben addiert bzw. gemischt, entstehen die sogenannten Sekundärfarben. Auf diese Weise gewinnt man z. B. aus Rot und Grün die Farbe Gelb sowie aus Grün und Blau die Farbe Cyan. Die additive Farbmischung wird auch physiologisch genannt, weil sie im Auge (mit seinen drei Zapfenrezeptortypen/Sensoren für Rot, Blau und Grün) → Grün, S. 13 sowie im Gehirn stattfindet. Diese Form der Farbmischung kommt besonders in Bildschirmen wie TV-Geräten, Computermonitoren, Mobiltelefonen und in Digitalkameras zur Anwendung (RGB-/Rot-Grün-Blau-Farbraum).

Bei der subtraktiven Farbmischung gehört Grün zu den Sekundärfarben. Die Grundfarben bei dieser Form der Farbkombination sind Cyan, Gelb und Magenta, wobei sich Grün durch Mischen von Cyan und Gelb ergibt. Bei diesem Verfahren entstehen Farben dadurch, dass bestimmte Farbanteile durch Absorbieren oder Filtern weggenommen werden. Diese Form der Farbmischung wird auch physikalisch genannt, da es hier um eine Veränderung im tatsächlichen Lichtspektrum geht und nicht wie bei der additiven Farbmischung um die Wahrnehmung der Farbe im Auge bzw. im Gehirn. Diese Form der Farbmischung findet bei Aquarellfarben, Öllasuren, in der Fotografie, im Drei- und Vierfarbendruck sowie im Offset-Druckverfahren statt.

GRÜN IN *DIE ARNOLFINI-HOCHZEIT* Das Ölgemälde *Die Arnolfini-Hochzeit* des flämischen Malers JAN VAN EYCK (ca. 1390–1441) entstand im Jahr 1434 und wird der Epoche der Altniederländischen Malerei zugerechnet am Übergang zwischen Spätgotik und Frührenaissance. VAN EYCK hält fest, wie der toskanische Kaufmann und Seidenhändler

Giovanni Arnolfini (ca. 1400–1472) die junge Giovanna Cenami zur Frau nimmt. Es könnte sich hierbei um eine Ehe zur linken Hand bzw. morganatische Ehe handeln, die eine Verbindung bezeichnet, in der ein Ehepartner, meist der Mann, eine gesellschaftlich tieferstehende Person heiratete. Das Bild ist voll von symbolisch aufgeladenen Elementen – vom Hund (der im Mittelalter für die eheliche Treue stand und sich auf vielen Grabsteinen wiederfindet) über den Spiegel an der Rückwand (in dem sich die Zeugen der Hochzeit und der Maler selbst widerspiegeln) bis hin zum Kronleuchter zwischen dem Brautpaar (mit nur einer Kerze als Symbol für Christus als Zeuge beim Ablegen des Ehegelöbnisses). Ebenso kann man vermuten, dass die grüne Farbe des Brautgewands nicht ohne Grund gewählt wurde, stand Grün doch gerade im Mittelalter für den Stand der Kaufleute, in den Giovanna nun einheiratete. Außerdem unterstreicht die Tatsache, dass solch kräftige Farbtöne damals nur mithilfe von Edelsteinpigmenten erzeugt werden konnten, den großen Wohlstand des hier abgebildeten Paares.

GRÜN IN KUNSTWERKEN Das Adjektiv »grün« findet sich in den Namen vieler Werke der bildenden Kunst. Die grünen Motive reichen von Äpfeln über Lampen und Straßenbahnen bis hin zu Vasen oder Zimmern. Bäume, Blätter oder Berge lösen dabei kein großes Erstaunen aus, aber es gibt auch grüne Mädchen, grüne Kühe oder grüne Pferde. Zudem verewigen sich die Künstler gern in Selbstbildnissen, auf denen entweder ihre Hautfarbe oder ihre Kleidung grün erscheint. Eine weitere Auffälligkeit ist das häufige Zusammentreffen der Farben Grün und Rot, was darauf hinweisen kann, dass sich der Maler hier im Spiel der beiden Komplementärfarben ausprobiert hat.

→ Grün als Komplementärfarbe, S. 146

KünstlerIn	Werktitel
DÜRER, ALBRECHT (1471–1528)	*Bildnis eines Mannes vor grünem Hintergrund* (um 1495/1500)
SOLARIO, ANDREA (um 1470/75–1524)	*Madonna mit dem grünen Kissen* (um 1507/10)
RUNGE, PHILIPP OTTO (1777–1810)	*Pauline im grünen Kleid* (1805)
DEGAS, EDGAR (1834–1917)	*Selbstbildnis des Künstlers in grüner Weste* (um 1856)
MONET, CLAUDE (1840–1926)	*Die grüne Woge* (ca. 1861–1871)
WHISTLER, JAMES MCNEILL (1834–1903)	*Symphonie in Grau und Grün: Das Meer* (1866)
WHISTLER, JAMES MCNEILL (1834–1903)	*Variationen in Violett und Grün* (1871)
CÉZANNE, PAUL (1839–1906)	*Grüne Äpfel* (um 1873)
DEGAS, EDGAR (1834–1917)	*Tänzerinnen in Grün* (1877–1879)
KELLER, ALBERT VON (1844–1920)	*Das grüne Zimmer* (1882)
CÉZANNE, PAUL (1839–1906)	*Blumen in grüner Vase* (um 1883/87)
VAN GOGH, VINCENT (1853–1890)	*Grüne Kornhalme* (1888)
VAN GOGH, VINCENT (1853–1890)	*Der grüne Weingarten* (1888)

KünstlerIn	Werktitel
WHISTLER, JAMES MCNEILL (1834–1903)	*Grün und Blau: Die Tänzerin* (1888–1898)
GAUGUIN, PAUL (1848–1903)	*Der grüne Christus* (1889)
VAN GOGH, VINCENT (1853–1890)	*Grünes Weizenfeld mit Zypresse* (1889)
HERRMANN, CURT (1854–1929)	*Mohn vor grünem Vorhang* (1890)
VUILLARD, ÉDOUARD (1868–1940)	*Die grüne Innenausstattung* (1891)
HERRMANN, CURT (1854–1929)	*Dame in rotem Kleid auf grünem Sessel* (1893)
VALLOTTON, FÉLIX (1865–1925)	*Weiblicher Akt, grüner Vorhang* (1897)
MONET, CLAUDE (1840–1926)	*Der Seerosenteich (Harmonie in Grün)* (1899)
DEGAS, EDGAR (1834–1917)	*Tänzerinnen in Gelb und Grün* (um 1899/1904)
ERLER-SAMADEN, ERICH (1870–1946)	*Im ersten Grün* (um 1900)
MODERSOHN-BECKER, PAULA (1876–1907)	*Stillleben mit grüner Vase* (1900–1905)
PUTZ, LEO (1869–1940)	*Das grüne Kleid* (1903)
JAWLENSKY, ALEXEJ VON (1864–1941)	*Blaue Kanne mit grünen Äpfeln* (1904)
MODERSOHN-BECKER, PAULA (1876–1907)	*Sitzendes Mädchen mit grüner Kette* (um 1904)
SIGNAC, PAUL (1863–1935)	*Grüner Nebel, Venedig* (1904)

KünstlerIn	Werktitel
BECKMANN, MAX (1884–1950)	*Sonniges grünes Meer* (1905)
BONNARD, PIERRE (1867–1947)	*Die grüne Straßenbahn* (um 1905)
MARQUET, ALBERT (1875–1947)	*Straße mit grüner Laterne* (um 1905)
ALEXANDER, JOHN WHITE (1856–1915)	*Studie in Schwarz und Grün* (um 1905/06)
KIRCHNER, ERNST LUDWIG (1880–1938)	*Grünes Haus* (um 1906)
VAN DONGEN, KEES (1877–1968)	*Frau mit grünem Hut* (um 1907)
DENIS, MAURICE (1870–1943)	*Grüne Küste* (1909)
JAWLENSKY, ALEXEJ VON (1864–1941)	*Mädchen mit grüner Stola* (um 1909)
KIRCHNER, ERNST LUDWIG (1880–1938)	*Zwei grüne Mädchenakte mit rotem Haar* (1909/26)
MACKE, AUGUST (1887–1914)	*Clown in grünem Kostüm* (um 1910)
WEREFKIN, MARIANNE VON (1860–1938)	*Der grüne Berg* (1910)
MACKE, AUGUST (1887–1914)	*Badende am grünen Abhang* (1910)
POPOW, LUKIAN WASSILJEWITSCH (1873–1914)	*Frau mit grüner Lampe* (1910)
CORINTH, LOVIS (1858–1925)	*Grünes Stillleben mit Früchten und Gladiolen* (1911)

🖼 *Das Zimmer des Lauschens* (1958) von René Magritte, S. 156/157

KünstlerIn	Werktitel
DEWING, THOMAS WILMER (1851–1938)	*Dame in Grün und Grau* (1911)
LIEBERMANN, MAX (1847–1935)	*Grüner Badekarren* (1911)
MARC, FRANZ (1880–1916)	*Kühe, gelb, rot, grün* (1911)
KIRCHNER, ERNST LUDWIG (1880–1938)	*Grüne Dame im Gartencafé* (1912)
MARC, FRANZ (1880–1916)	*Grünes Pferd* (1912)
VALLOTTON, FÉLIX (1865–1925)	*Patience spielende Frau, grünes Zimmer* (1912)
JAWLENSKY, ALEXEJ VON (1864–1941)	*Kopf in Schwarz und Grün* (1913)
MACKE, AUGUST (1887–1914)	*Dame in grüner Jacke* (1913)
KANDINSKY, WASSILY (1866–1944)	*Bild mit grüner Mitte* (1913)
KIRCHNER, ERNST LUDWIG (1880–1938)	*Frau in grüner Jacke* (1913)
MACKE, AUGUST (1887–1914)	*Promenade in Braun und Grün* (1913)
MARC, FRANZ (1880–1916)	*Grünes und weißes Pferd* (1913)
SCHIELE, EGON (1890–1918)	*Weiblicher Torso mit grüner Draperie* (1913)
SCHMIDT-ROTTLUFF, KARL (1884–1976)	*Liegender Akt in Grün* (1913)
SÉRUSIER, PAUL (1864–1927)	*Synchronie in Grün* (1913)

KünstlerIn	Werktitel
STENNER, HERMANN (1891–1914)	*Grüne Frau mit gelbem Hut I* (1913)
NOLDE, EMIL (1867–1956)	*Purpurblüten vor Grün und Blau* (1913/14)
CHAGALL, MARC (1887–1985)	*Der Jude in Grün* (1914)
SCHIELE, EGON (1890–1918)	*Frauenakt mit grüner Haube* (1914)
HODLER, FERDINAND (1853–1918)	*Grüner Abendhimmel am Genfer See* (1915)
SCHMIDT-ROTTLUFF, KARL (1884–1976)	*Grünes Mädchen* (1915)
CHAGALL, MARC (1887–1985)	*Die Liebenden in Grün* (1916/17)
DEWING, THOMAS WILMER (1851–1938)	*Grün und Gold* (um 1917)
HODLER, FERDINAND (1853–1918)	*Selbstbildnis mit grünem Kittel* (1917)
PECHSTEIN, MAX (1881–1955)	*Bildnis in Rot und Grün* (1917)
HASSAM, CHILDE (1859–1935)	*April (Das grüne Kleid)* (1920)
KAUS, MAX (1891–1977)	*Paar im grünen Raum* (1920)
KLEE, PAUL (1879–1940)	*Turm in Orange und Grün* (1922)
KLEE, PAUL (1879–1940)	*Landschaft in Grün mit roten Qualitäten* (1922)
THUAR, HANS (1887–1945)	*Rot-Grün* (1922)

KünstlerIn	Werktitel
LEMPICKA, TAMARA DE (1898–1980)	*Der grüne Schleier* (um 1924/25)
MASSONET, ARMAND (1892–1979)	*Frau in Grün* (1925)
MÜLLER, ALBERT (1897–1926)	*Grüner Akt liegend* (um 1925)
BAUER-PEZELLEN, TINA (1897–1979)	*Paar und grüner Baum* (1926)
JAWLENSKY, ALEXEJ VON (1864–1941)	*Abstrakter Kopf: Inneres Schauen Grün – Gold* (1926)
LEMPICKA, TAMARA DE (1898–1980)	*La Belle Rafaela in Grün* (1927)
LEMPICKA, TAMARA DE (1898–1980)	*Junges Mädchen in Grün* (1927)
NUSSBAUM, FELIX (1904–1944)	*Selbstbildnis mit grünem Hut* (1927)
BECKMANN, MAX (1884–1950)	*Badekabine, grün* (1928)
HÖLZEL, ADOLF (1853–1934)	*Komposition auf Grün* (nach 1930)
KIRCHNER, ERNST LUDWIG (1880–1938)	*Nächtliche Fantasielandschaft in Grün und Schwarz* (1930/32)
KANDINSKY, WASSILY (1866–1944)	*Grüne Spitze* (1932)
PICASSO, PABLO (1881–1973)	*Akt mit grünen Blättern und Büste* (1932)
LÉGER, FERNAND (1881–1955)	*Der grüne Baum* (1932)

KünstlerIn	Werktitel
MOSS, MARLOW (1889–1958)	Weiß, Schwarz, Rot und Grün (1932)
O'KEEFFE, GEORGIA (1887–1986)	Grüne Berge, Kanada (1932)
KONTSCHALOWSKI, PJOTR PETROWITSCH (1876–1956)	Grünes Weinglas (1933)
TATLIN, WLADIMIR JEWGRAFOWITSCH (1885–1953)	Grüne Blätter (1936)
BECKMANN, MAX (1884–1950)	Mädchen in Schwarz auf Grün (1939)
BECKMANN, MAX (1884–1950)	Selbstbildnis auf Grün mit grünem Hemd (1939)
BECKMANN, MAX (1884–1950)	Stillleben mit grüner Kerze (1941)
BALSON, RALPH (1890–1964)	Konstruktion in Grün (1942)
BECKMANN, MAX (1884–1950)	Grüne Wiese mit Kühen (1942)
MOTESICZKY, MARIE-LOUISE VON (1906–1996)	Selbstporträt in Grün (1942)
PICASSO, PABLO (1881–1973)	Frau in Grün (1943)
CHAGALL, MARC (1887–1985)	Das grüne Auge (1944)
NOLDE, EMIL (1867–1956)	Grünes Meer mit zwei Seglern (1946/47)
BECKMANN, MAX (1884–1950)	Wattenmeer grün und schwarz-gelb (1946)
DIX, OTTO (1891–1969)	Grüne Landschaft (1948)

KünstlerIn	Werktitel
BORVINE FRENKEL, BORIS (1895–1984)	*Der grüne Kontrabassist* (1950)
CHAGALL, MARC (1887–1985)	*Grüne Nacht* (1952)
JOHNS, JASPER (geb. 1930)	*Grüne Zielscheibe* (1955)
ROTHKO, MARK (1903–1970)	*Erde und Grün* (1955)
O'KEEFFE, GEORGIA (1887–1986)	*Es war Blau und Grün* (1960)
PICASSO, PABLO (1881–1973)	*Sitzender weiblicher Akt vor grünem Hintergrund* (1960)
PURRMANN, HANS (1880–1966)	*Grüne Bänke vor Oliven* (1964)
SÝKORA, ZDENĚK (1920–2011)	*Struktur Rot-Grün* (1964)
VASARELY, VICTOR (1908–1997)	*Relief Rot-Grün* (1964)
BERGER, HANS (1882–1977)	*Grün* (1965)
NAY, ERNST WILHELM (1902–1968)	*Lodernd – Blau – Grün* (1965)
LICHTENSTEIN, ROY (1923–1997)	*Gelbe und grüne Pinselstriche* (1966)
RAINER, ARNULF (geb. 1929)	*Grüner Winkel* (1970–1975)
BEUYS, JOSEPH (1921–1986)	*Musik als Grün* (1974)
BLUME, HARRY (1924–1992)	*Grüner Schirm* (1974)
GUSTON, PHILIP (1913–1980)	*Grünes Meer* (1976)
HUNDERTWASSER, FRIEDENSREICH (1928–2000)	*Grüne Stadt* (1978)
WARHOL, ANDY (1928–1987)	*Eine grüne Kuh* (1979)

KünstlerIn	Werktitel
FETTING, RAINER (geb. 1949)	*Mann und Axt (grün-blau)* *(1980)*
CHAGALL, MARC (1887–1985)	*Das Atelier in Grün* (1981)
FRIEDEL, LUTZ (geb. 1948)	*Warten auf Grün – Fuß-gängerübergang* (1982)
RICHTER, GERHARD (geb. 1932)	*Gelbgrün* (1982)
JOHNS, JASPER (geb. 1930)	*Grüner Engel* (1990)
POLKE, SIGMAR (1941–2010)	*Ohne Titel (Uranium Grün)* *(1992)*
RICHTER, GERHARD (geb. 1932)	*Grün-Blau* (1993)
RICHTER, GERHARD (geb. 1932)	*Grün-Blau-Rot* (1993)
KELLY, ELLSWORTH (1923–2015)	*Grüne Kurven* (1997)
KOEPPEL, MATTHIAS (geb. 1937)	*Grün für P. M.* (1998)
KATZ, ALEX (geb. 1927)	*Grau und Grün* (2001)
BISCHOF, HANNAH (geb. 1960)	*Das grüne Haus* (2010)

GRÜN IN *MONA LISA* Es gibt zahlreiche Theorien darüber, wer für LEONARDO DA VINCIS (1452–1519) berühmte *Mona Lisa* Modell gestanden haben soll – und keine ist endgültig belegt. Eine Vermutung besagt, dass die Abgebildete die Ehefrau eines florentinischen Seiden- und Tuchhändlers gewesen sein soll. Was dafür sprechen könnte, ist die Farbe ihres grünen Gewandes, denn im europäischen Mittelalter trugen vor allem Kaufleute und deren Familien die Farbe Grün.

HANS BALDUNG GRIEN Der deutsche Maler, Zeichner und Kupferstecher HANS BALDUNG (ca. 1485–1545) erhielt schon während er in der Nürnberger Werkstatt von ALBRECHT DÜRER (1471–1528) arbeitete, den Spitznamen *Grien* (= Grün) verpasst, weil er auffallend gern die Farbe Grün für seine Werke verwendete. Seine Liebe zur grünen Farbe wurde nicht nur sein Markenzeichnen, sondern später sogar Teil seines Namens: HANS BALDUNG GRIEN. Neben Altarbildern widmete er sich den Studien von Frauenkörpern.

MUSIK ALS GRÜN (GRÜNE GEIGE) JOSEPH BEUYS' (1921–1986) Kunstwerk *Musik als Grün* besteht aus einer grün bemalten Geige, die 1967 bei einem gemeinsamen Konzert im Rahmen der Ausstellung *Fettraum* vom Musiker HENNING CHRISTIANSEN (1932–2008) tatsächlich gespielt wurde. Über die Geige oder ihre Farbe verlor BEUYS kein Wort, außer dass sie ein »normales« Instrument sei mit der einzigen Besonderheit, grün bemalt zu sein. Für uns soll sie Anlass sein, über BEUYS als »grünen« Künstler zu sprechen. Schon während seines Studiums wirkte BEUYS an Naturfilmen über das Wild in der Lüneburger Heide oder den weißen Storch in Schleswig-Holstein mit. Lebenslang betrieb er naturwissenschaftliche und zoologische Studien. Und neben seiner Vorliebe, die natürlichen Materialien Fett und Filz für seine Kunstwerke zu nutzen, zeichnet er sich durch Baumpflanzungen größeren Ausmaßes aus. So begann er 1982 auf der »documenta 7« seine Kunstaktion *Stadtverwaldung statt Stadtverwaltung (7 000 Eichen)*, die zur Pflanzung von 7 000 Eichen in Kassel führte. Weitere Projekte dieser Art folgten in Italien und in New York. Zudem war JOSEPH BEUYS ein Gründungsmitglied der Partei Bündnis 90/Die Grünen und blieb ihr bis zu seinem Tod verbunden.

→ Bündnis 90/ Die Grünen, S. 82

MUSIK

BEIN' GREEN Es gibt auch Wesen auf dieser Welt, die damit hadern, grün geboren zu sein: so zum Beispiel Kermit der Frosch aus der Sesamstraße. In dem Song *Bein' Green* (oder *It's Not Easy Bein' Green*) von dem US-amerikanischen Musiker JOE RAPOSO (1937–1989) beschreibt Kermit zunächst, wie unglücklich er mit seiner Hautfarbe ist. Doch irgendwann stellt er fest, wie viele schöne Dinge auf der Welt grün sind – und wie glücklich er darüber sein kann, dass auch er als Frosch dazugehört. *Bein' Green* wurde erstmals 1970 vom Muppet-Erfinder JIM HENSON (1936–1990) als Kermit der Frosch in der Sesamstraße gesungen, später dann auch in der Muppet Show. Das Lied erlangte schnell so viel Aufmerksamkeit, dass es unter anderem 1971 von FRANK SINATRA (1915–1998), 1973 von VAN MORRISON (geb. 1945), 1974 von DIANA ROSS (geb. 1944) und 1975 von RAY CHARLES (1930–2004) gecovert wurde. Der Text wurde in den USA der 1970er-Jahre als klares Statement gegen den anhaltenden Rassismus und für die Akzeptanz aller Hautfarben verstanden.

Bein' Green

It's not that easy bein' green
Having to spend each day
The color of the leaves
When I think it could be nicer
Bein' red or yellow or gold
Or something much more colorful like that

It's not that easy bein' green
It seems you blend in
With so many other ordinary things
And people tend to pass you over

Cause you're not standing out
Like flashy sparkles in the water
Or stars in the sky

But green's the color of spring
And green can be cool and friendly like
And green can be big like an ocean
Or important like a mountain or tall like a tree

When green is all there is to be
It could make you wonder why
But, why wonder? (why wonder?)
I'm green and it'll do fine
It's beautiful. And I think it's what I want to be

GRÜNER HÜGEL Der Grüne Hügel bezeichnet eine Anhöhe in Bayreuth, auf der RICHARD WAGNER (1813–1883) zwischen 1872 und 1875 nach eigenen Entwürfen ein Festspielhaus zur Aufführung seiner Opern erbauen ließ. Einzigartig ist die Abstimmung von Architektur und Akustik. Einen grünen Hügel gibt es auch in Zürich. Auf ihm steht die Villa Wesendonck und ein dazugehöriges Gartenhaus, in dem RICHARD WAGNER von 1857 bis 1858 wohnte und u. a. Teile von *Tristan und Isolde* sowie die berühmten *Wesendonck-Lieder* komponierte.

→ grünes Drachenwesen – der Lindwurm, S. 187

GRÜN, GRÜN, GRÜN SIND ALLE MEINE KLEIDER Das allseits bekannte Volkslied *Grün, grün, grün sind alle meine Kleider* singen Kinder bereits seit 1870. In den sechs Strophen werden verschiedenen Farben Berufe zugeordnet: Grün = Jäger, Rot = Reiter, Blau = Matrose, Schwarz = Schornsteinfeger, Weiß = Müller, Bunt = Maler.

🖼 Symphonie aus Licht: Der »Seelennebel« im Sternbild der Kassiopeia, S. 168/169

GRÜN IM MINNESANG Der Minnesang war eine Form der Liebeslyrik, die an mittelalterlichen Fürstenhöfen verbreitet war. Hier sang ein adeliger Ritter über die unerfüllte Liebe zu einer meist hochrangigeren Dame. Allerdings stand dabei nicht immer das direkte Werben eines Mannes um eine Frau im Mittelpunkt. Vielmehr handelte es sich um ein höfisches Sprach- und Musikritual, das gesellschaftlich von hoher Bedeutung war. Die besungenen Farben zeigen die unterschiedlichen Stufen der Liebe an, wobei Grün für den Anfang der Liebe steht:

»Grün ist in allem meinen Sinn
ist der lieb ein anfing.
Grün soltn allezeit haben wert,
ob dein Herz dir lieb begehrt.
Grün ist gar ein fröhlich klait,
Wer es nach seinen wirden trait.
Grün soll niemant tragen,
der in lieb will verzagen.«

(Minnelied aus dem Mittelalter)

GRÜN IN MUSIKSTÜCKEN Zahlreiche Musiker haben sich der Farbe Grün gewidmet, darunter klassische Komponisten wie FRANZ SCHUBERT (1797–1828), JOHANNES BRAHMS (1833–1897) oder GUSTAV MAHLER (1860–1911). Und natürlich wurde Grün auch in Schlager und Volksmusik eifrig besungen wie etwa von ROY BLACK (1943–1991), HEINO (geb. 1938) oder STEFANIE HERTEL (geb. 1979). Selbst bei aktuellen deutschen Musikern aus den Genres Singer-Songwriter oder Rap und Hip-Hop wie MAXIM (geb. 1982), SAMY DELUXE (geb. 1977) und JAN DELAY (geb. 1976) kommt Grün zum Einsatz. Insgesamt stehen besonders Naturbezüge hoch im Kurs, aber auch die Liebe, eine Regenrinne oder eine Brille werden als grün bezeichnet. Auffällig ist die häufige Bezugnahme auf Redensarten.

→ REDENSARTEN, S. 99 ff.

Musiktitel mit »Grün«

KomponistIn / InterpretIn	Musiktitel
HAYDN, JOSEPH (1732–1809)	*Nun beut die Flur das frische Grün*, aus: *Die Schöpfung*, Hob. XXI:2, Teil 1 (1796–1798)
SCHUBERT, FRANZ (1797–1828)	*Mit dem grünen Lautenbande*, aus: *Die schöne Müllerin*, op. 25, D 795 (1823)
MENDELSSOHN BARTHOLDY, FELIX (1809–1847)	*Im Grünen »Willkommen im Grünen«*, op. 8 Nr. 11, MWV K 36 (1824–1828)
SCHUBERT, FRANZ (1797–1828)	*Das Lied im Grünen*, op. 115 Nr. 1, D 917 (1827)
MENDELSSOHN BARTHOLDY, FELIX (1809–1847)	*Todeslied der Bojaren »Leg in den Sarg mir mein grünes Gewand«*, MWV K 68 (1831)
MENDELSSOHN BARTHOLDY, FELIX (1809–1847)	*Im Grünen »Im Grün erwacht der frische Mut«*, op. 59 Nr. 1, MWV F 8 (1837–1843)
MENDELSSOHN BARTHOLDY, FELIX (1809–1847)	*Andenken »Die Bäume grünen überall«*, op. 100 Nr. 1, MWV F 29 (1839–1844)
SCHUMANN, ROBERT (1810–1856)	*Erstes Grün*, op. 35 Nr. 4 (1840)
FRANZ, ROBERT (1815–1892)	*Du grüne Rast im Haine*, op. 41 Nr. 6 (1867)

KomponistIn/InterpretIn	Musiktitel
BRAHMS, JOHANNES (1833–1897)	*Die grüne Hopfenranke,* op. 52 Nr. 5 (1869)
BRAHMS, JOHANNES (1833–1897)	*Meine Liebe ist grün (Junge Lieder I),* op. 63 Nr. 5 (1873)
MAHLER, GUSTAV (1860–1911)	*Ich ging mit Lust durch einen grünen Wald,* aus: *Lieder und Gesänge,* Nr. 7 (1887/92)
HANSEN, MAX (1897–1961)	*Sag' ich Blau, Sagt sie Grün* (1928)
DIE SINGENDEN WALDMUSI-KANTEN (aktiv um 1954/55)	*Wo so grün, so grün der Klee* (1955)
DIE CLIPPERS (aktiv um 1962)	*Grün sind die Tannen* (1962)
REGENSBURGER DOMSPATZEN (gegr. 975)	*Riesengebirglers Heimatlied (Blaue Berge, grüne Täler)* (1963)
THE NEW CHRISTY MINSTRELS (gegr. 1961)	*Grün, grün ist Tennessee (Green, Green)* (1963)
DEUTSCHER, DRAFI (1946–2006)	*Grün, grün ist Tennessee* (1963)
HÆNNING, GITTE (geb. 1946)	*Denn das Gras war so grün* (1967)
INSTERBURG & CO. (aktiv 1967/68–1979)	*Grün ist dein Weideland* (1969)
WEISS, CINDY (geb. ca. 1951)	*Rot, Grün, Gelb* (1969)
ALEXANDER, PETER (1926–2011)	*Grün war das Gras* (1970)
JACOBY, GABRIELE (geb. 1944) / JORDAN, EGON (1902–1978) / MEINRAD, JOSEF (1913–1996)	*Es grünt so grün* (1970)

KomponistIn/InterpretIn	Musiktitel
MANUELA (1943–2001) / SCHÖNEBERGER SÄNGER-KNABEN (aktiv 1947–2011)	*Grün, grün, grün sind alle meine Kleider* (1970)
GOTT, KAREL (1939–2019)	*Auf der grünen Wiese* (1971)
ALEXANDER, PETER (1926–2011)	*Die grüne Tanne in Gottes Garten* (1972)
BLACK, ROY (1943–1991)	*Grün ist die Heide* (1973)
HEINO (geb. 1938)	*Grün ist die Heide* (1975)
EROC (geb. 1951)	*Der Mond ist aus grünem Käse* (1976)
BRECK, FREDDY (1942–2008)	*Die grüne Tanne* (1978)
KRAMER, SU (geb. 1946)	*Die grüne Witwe* (1978)
ZILLERTALER SCHÜRZENJÄGER (aktiv 1973–2007)	*Grüne Tannen* (1979)
STENDER BAND (aktiv um 1980)	*Gelbes Pferd, Grüner Bär* (1980)
GERT & CARMEN (aktiv ca. 1981–1988)	*Rotes Licht und Grün* (1981)
DIE SCHLÜMPFE (aktiv seit 1958/77)	*Der grüne Heinrich vom Mars* (1982)
FISCHER, VERONIKA (geb. 1951)	*Der Westendpark ist noch grün* (1983)
OPUS (gegr. 1975, vorm. CRUSADE, heute PUR)	*Die grüne Pflanze* (1985)
PUKKE, CARO (1963–2016)	*Grün, Grün, Grün* (1985)
VAN VEEN, HERMAN (geb. 1945)	*Ein Häuschen im Grünen* (1990)

KomponistIn/InterpretIn	Musiktitel
ALBRECHT, GABY (geb. 1956)	*Grüne Wälder – Blaue Seen* (1992)
OTTO (geb. 1948)	*Die Grüne Hölle* (1996)
SAMBA (gegr. 1994)	*Fahrt ins Grüne* (1996)
PALAST ORCHESTER mit seinem SÄNGER MAX RAABE (gegr. 1986)	*Mein kleiner grüner Kaktus* (1997)
WISE GUYS (aktiv 1985–2017)	*Alles im grünen Bereich* (1997)
HERTEL, STEFANIE (geb. 1979)	*Da gibt es noch die grünen Wiesen* (1998)
FREILAND (VOIGT, WOLFGANG geb. 1961)	*Dunkelgrün* (1999)
DELUXE, SAMY (geb. 1977)	*Grüne Brille* (2000)
HINTERSEER, HANSI (geb. 1954)	*Grün, Grün, Grün* (2004)
PAULA (gegr. 1997)	*Grün* (2005)
!NKA (BAUSE, INKA, geb. 1968)	*Grasgrüner Tag* (2006)
STRASSENSACHEN (aktiv um 2007)	*Grün oder Blau* (2007)
SAŠO AVSENIK UND SEINE OBERKRAINER (aktiv seit 2009)	*Durch den grünen Hain* (2009)
FRANK, WOLFGANG (geb. 1955)	*Göttin am grün-blauen Meer* (2009)
SPORTFREUNDE STILLER (gegr. 1995)	*Fahrt ins Grüne* (2009)
SINN, NORMAN (geb. ca. 1978)	*Grün* (2011)

KomponistIn/InterpretIn	Musiktitel
MC Fitti (geb. 1976)	Grüne Welle (2013)
Die Orsons (gegr. 2007)	Grün (2015)
Turbobier (gegr. 2014)	Blaue Kappe, grüne Kappe (2015)
Ebrahimi, Susan (o. A.)	Grün (2016)
Herzog (geb. 1985)	Außen weiß, innen grün (2016)
18 Karat (o. A.)	Braun grün gelb lila (2017)
Klez.e (gegr. 2002)	Am Grund der tiefgrünen See (2017)
Alligathoah (geb. 1989)	Die grüne Regenrinne I–III (2018)
Delay, Jan (geb. 1976)	Grün weiße Liebe (2018)
Josh. (geb. 1986)	Cordula Grün (2018)
Umse (geb. 1983)	Grün gegen Grau (2018)
VSK (Verbales Style Kollektiv, gegr. 2013)	Grüner Planet (2018)
Maxim (geb. 1982)	Grüne Papageien (2020)

GRÜN, MUSIKALISCH Die Synästhesie bezeichnet ein Phänomen, bei dem Sinneswahrnehmungen miteinander verbunden werden. Eine besondere Form ist die Musik-Farben-Synästhesie, bei der verschiedene Töne unterschiedlichen Farben zugeordnet sind. Bereits in der Antike versuchte sich Aristoteles (384–322 v. Chr.) an einer Farb-Ton-Verbindung, indem er eine Analogie zwischen der Helligkeit von

→ Newton und Goethe:
Opticks und Farben-
lehre, S. 138

Farben und der von Tönen herstellte. Auch ISAAC NEWTON (1642/43–1726/27), der durch seinen Prismenversuch herausgefunden hatte, dass sich Licht in einzelne Farben aufspalten lässt, wollte die unterschiedlichen elektromagnetischen Wellenlängen bzw. Schwingungen der Farben mit den unterschiedlichen mechanischen Schwingungen der Töne in der Luft verbinden. In dem Farbenkreis, den er 1704 in *Opticks* veröffentlichte, wies NEWTON den sieben Noten nach dem sogenannten Dorischen Modus die folgenden Farbbereiche zu:

Noten im Dorischen Modus und deren Farben

D–E → Rot

E–F → Orange

F–G → Gelb

G–A → Grün

A–B (= H) → Blau

B (= H)–C → Indigo

C–D → Violett

Der französische Mathematiker und Philosoph LOUIS-BERTRAND CASTEL (1688–1757) entwickelte auf dieser Grundlage sein Farbenklavier, bei dem durch das Spielen der Tasten nicht nur ein Ton, sondern auch eine Lichtprojektion erzeugt wird. Dabei ordnete er den zwölf Tönen der chromatischen Tonleiter je eine Hauptfarbe zu – darunter Hellgrün, Grün und Oliv – und ergänzte sein Klavier um die Halbtöne, denen er Mischfarben zuteilte. Um die tatsächliche Anfertigung eines solchen Instruments ranken sich zahleiche Legenden. CASTEL selbst behauptet, zwei Vorstellungen in kleinem Kreise gegeben zu haben. Verlässliche Zeugenberichte gibt es jedoch nicht.

Einer der Ersten, der diese Theorie in die Praxis umsetzte, war der ungarische Komponist FRANZ LISZT (1811–1886), der das Gemälde *Die Vermählung Mariens* von RAFFAEL (1483–1520) als Grundlage nahm, um dazu sein Klavierstück *Sposalizio* (= ital. Vermählung) zu komponieren. Auch der russische Maler WASSILY KANDINSKY (1866–1944) wollte eine Synthese verschiedener Kunstformen erreichen und entwickelte mit *Der gelbe Klang* ein Bühnenprogramm, das die Elemente Farben, Bewegung/Tanz und Musik miteinander kombinieren sollte.

Mittlerweile ist bekannt, dass die Synästhesie nicht nur ein kunsttheoretisches Konzept ist, sondern es tatsächlich Menschen gibt, für die Sinneseindrücke miteinander verschmelzen können. Die sogenannten Synästhetiker können also zum Beispiel Farben hören oder Musik schmecken. Zudem hat man herausgefunden, dass Menschen, die Farben mit anderen Sinneseindrücken – in diesem Fall mit Tönen – in Verbindung bringen, dabei ganz individuelle Eindrücke erleben. Bei ein und demselben Ton sieht jeder Farbhörer also eine ganz eigene Farbe. Man vermutet mittlerweile, dass sowohl FRANZ LISZT als auch WASSILY KANDINSKY Synästhetiker gewesen sind.

IM GRÜN ERWACHT DER FRISCHE MUT FELIX MENDELSSOHN BARTHOLDY (1809–1847) komponierte die Melodie und HELMINA VON CHÉZY (1783–1856) schrieb den Text dazu: Das Lied *Im Grün erwacht der frische Mut* erzählt von der Kraft der Natur, beruhigend und erfrischend aufs menschliche Gemüt zu wirken. Wenn sich der Mensch in der Natur bewegt, wird der Blick auf die Welt ein anderer. Das Herz öffnet sich, der Verstand wird frei, und die gesellschaftlichen Probleme relativieren sich. Eine wunderbare Verquickung, die heute genauso gilt wie damals.

Im Grün erwacht der frische Mut

Im Grün erwacht der frische Mut,
wenn blau der Himmel blickt,
im Grünen, da wird alles gut,
im Grünen, da wird alles gut,
was je das Herz bedrückt,
was je das Herz bedrückt,
was je das Herz bedrückt.

Was suchst der Mauern engen Raum,
du töricht Menschenkind?
Komm, fühl' hier unterm grünen Baum,
Komm, fühl' hier unterm grünen Baum,
wie süß die Lüfte sind!
wie süß die Lüfte sind!
wie süß die Lüfte sind!

Wie holde Kindlein spielt um dich
ihr Odem, wunderlieb,
und nimmt all deinen Gram mit sich,
und nimmt all deinen Gram mit sich,
du weißt nicht, wo er blieb.
du weißt nicht, wo er blieb.
du weißt nicht, wo er blieb.

RELIGION

GRÜN ALS LITURGISCHE FARBE In christlichen Kirchen werden je nach Fest bzw. Zeit des Kirchenjahres Gewänder und Tücher in unterschiedlichen Farben getragen. Der Farbenkanon wurde im 12./13. Jahrhundert entwickelt und 1570 in der Folge des Konzils von Trient verbindlich festgelegt. Seither gilt in der römisch-katholischen Kirche: Grün als die Farbe des sich erneuernden Lebens und der Hoffnung wird in Gottesdiensten getragen, wenn keine anderen liturgischen Farben aufgrund besonderer Feste wie beispielsweise in der Weihnachts- und Osterzeit verwendet werden, da das Symbol der Hoffnung das alltägliche Leben konstant begleiten soll. Violett wird im Advent und in der Fastenzeit getragen, Rot an Pfingsten und Märtyrerfesten. Weiß gilt als Festfarbe. Schwarz wurde früher am Karfreitag und bei Totenmessen getragen, heute sind die Gewänder am Karfreitag rot, bei Totenmessen violett oder schwarz.

GRÜNDONNERSTAG Als Gründonnerstag wird der Donnerstag vor Ostern bezeichnet, an dem die Christen des letzten Abendmahls gedenken, das JESUS am Vorabend seiner Kreuzigung mit den zwölf Aposteln begangen hat. Der Name leitet sich wahrscheinlich von dem alten Brauch her, am Gründonnerstag besonders grünes Gemüse und grüne Kräuter zu essen. Dies entspricht sowohl den Fastenvorschriften für die Karwoche als auch dem vorchristlichen Brauch, an diesem Tag gemeinsam frische Kräuter zu sammeln, um durch ihren Verzehr die Kraft des Frühlings aufzunehmen. Eine andere Vermutung zur Herleitung des Namens kommt vom mittellateinischen Ausdruck *dies viridium,* »Tag der Grünen«, der eigentlich ein »Tag der Büßer« war, also derjenigen, die durch ihre Buße im übertragenen Sinne von verdorrten wieder zu grünen bzw. frischen Zweigen der Kirche wurden. Der Gründonnerstag ist der letzte Tag der Fastenzeit.

⊡ Johannes der Täufer auf der Mitteltafel des Genter Altars (15. Jh.) von Jan van Eyck, S. 181

GRÜNER TANNENBAUM Die christliche Tradition, zu Weihnachten eine Tanne im Wohnraum aufzustellen, entstammt eigentlich einem heidnischen Brauch. In diesem Sinne verkörpert die immergrüne Tanne Lebenskraft, Gesundheit und Fruchtbarkeit und soll all diese wertvollen Attribute ins eigene Heim holen. Außerdem symbolisiert sie in den Wintermonaten die Hoffnung auf die Rückkehr des Lebens im Frühling.

GRÜNES CHAKRA Obwohl Chakren uns hauptsächlich aus der Esoterik oder vom Yoga bekannt sind, liegt ihr Ursprung im tantrischen Hinduismus. Dem sogenannten Herzchakra wird die Farbe Grün zugeordnet. Es ist eines der sieben Hauptchakren, die für verschiedene Energiezentren in unserem Körper stehen. Das grüne Chakra liegt in der Mitte der Brust. Es steht für Harmonie, Liebe und Fürsorge und verleiht im geöffneten Zustand Lebensfreude, Freundlichkeit und Mitgefühl. Es kann durch bestimmte Yoga- und Meditationspraktiken aktiviert werden.

→ Grün als Farbe der Harmonie, S. 145

GRÜNE TARA Im tibetischen Buddhismus wird die GRÜNE TARA (oder GRÜNE BEFREIERIN) verehrt wie kaum ein anderer Bodhisattva. Sie ist ein weiblicher Buddha, der mit einer grünen Hautfarbe und oft mit grünen (oder roten) Edelsteinen in ihrem Diadem dargestellt wird. Die GRÜNE TARA gilt als besonders friedvoll und verkörpert das aktive Mitgefühl. Sie schützt nicht nur vor Gefahren, sondern kann auch Wünsche erfüllen, wobei sie sich durch eine besondere Schnelligkeit auszeichnet.

→ grüne Edelsteine, S. 26

GRÜNE VENUS Im Römischen Reich war der Farbton Grün der VENUS zugeordnet, war sie doch nicht nur die Göttin der Erotik und der Schönheit, sondern auch die Göttin des

Ackerlands, der Gärten, der Weinberge und des Frühlings. Überall dort, wo VENUS mit ihren Füßen den Boden berührte, sollen Blumen erblüht sein.

GRÜN – MOHAMMEDS LIEBLINGSFARBE Die Farbe Grün hat im Islam eine besondere Bedeutung, da sie als Lieblingsfarbe des Propheten MOHAMMED gilt. So soll MOHAMMED grüne Kleidung bevorzugt haben, und nur ihm und seinen Nachkommen war bzw. ist es vorbehalten, einen grünen Turban zu tragen. Auf der kargen Arabischen Halbinsel stellt die Farbe Grün insofern eine Besonderheit dar, da sie in der Natur nur selten vorkommt. In der trockenen Wüstenlandschaft bilden grüne Oasen Orte des Lebens und der Hoffnung. Grün ist die Farbe der Arabischen Liga, und auch in vielen Nationalflaggen islamisch geprägter Länder bzw. vieler Wüstenstaaten spielt die Farbe Grün eine große Rolle.

ORUNMILA – DER GRÜNE GOTT DER SANTERIA In den afroamerikanischen Religionen Santería auf Kuba und Candomblé in Brasilien sind Grün und Gelb die Farben des Gottes ORUNMILA, weshalb seine Anhänger Ketten mit grünen und gelben Perlen tragen. ORUNMILA gilt als Gott der Weisheit und steht mit den Menschen durch das Ifa-Orakel in Kontakt, das die UNESCO als immaterielles Kulturerbe anerkannt hat. Der ORUNMILA war bei der Schöpfung der Welt zugegen und kennt die Bestimmung alles Seienden. Er strebt nach der Harmonie und dem Gleichgewicht der Weltordnung.

→ Grün als Farbe der Harmonie, S. 145

OSIRIS – DER GRÜNE GOTT IM ALTEN ÄGYPTEN OSIRIS war im alten Ägypten nicht nur der Gott der Unterwelt, sondern auch der Gott des Nils – und wurde daher häufig mit grüner Haut dargestellt. Grün galt als Symbol für die jährliche

Nilüberschwemmung und damit als Zeichen für Fruchtbarkeit, Ernte, Regeneration und Wiedergeburt. »Du grünst, o Nil, du grünst die Gefilde«, lobpreiste einst ein namentlich nicht mehr bekannter ägyptischer Dichter die Lebensader Ägyptens.

ST. PATRICK'S DAY – DER GRÜNE TAG DER IREN Die ohnehin schon grüne Insel Irland wird jedes Jahr am 17. März noch ein bisschen grüner, denn dann wird von allen Iren, nicht nur in Irland, der St. Patrick's Day gefeiert. An diesem Tag wird Bischof PATRICK geehrt, der im 5. Jahrhundert das Christentum nach Irland gebracht haben soll. In einigen Städten, darunter z. B. Chicago, werden dann sogar die Flüsse, die durch die Städte fließen, grün gefärbt. Die prominente Darbietung der Farbe Grün am St. Patrick's Day ist allerdings eher eine moderne Erscheinung. Denn die eigentliche Farbe des HEILIGEN PATRICK ist nicht Grün, sondern Blau. Dennoch hat die Farbe Grün einen Bezug zu seiner Person, da der grüne *Shamrock* (von irisch *seamróg* = junger Klee) als inoffizielles Nationalsymbol der Iren auf ihren Schutzheiligen zurückgeht: Anhand des dreiblättrigen Kleeblatts soll ST. PATRICK den Iren die Dreifaltigkeit erklärt haben.

→ Grüne Insel, S. 70

→ grünes Kleeblatt, S. 187

MYTHOLOGIE

→ Grüne Insel, S. 70

→ grünes Kleeblatt,
S. 187

GRÜNER KOBOLD (*LEPRECHAUN*) Mit Irland, der Grünen Insel, verbinden wir nicht nur den *Shamrock,* das grüne Kleeblatt. Auch der GRÜNE KOBOLD, der auf Englisch *LEPRECHAUN* heißt, kommt von dort. Er gehört zu den Naturgeistern und wird typischerweise mit grüner Kleidung und rotem Haar dargestellt. Es gibt zwei Herleitungen des Wortes *Leprechaun.* Zum einen kann es vom mittelirischen Wort *luchorpán* abstammen, was »kleiner Körper« bedeutet. Zum anderen sehen Forscher einen Bezug zum gälischen Wort *leith brogan,* was sich als »Schuhmacher« übersetzen lässt. Letzteres ergibt insofern Sinn, da Kobolde auch als die Schuhmacher der Feen bekannt sind. Vom *LEPRECHAUN* weiß man außerdem, dass er gerne Gold hortet und unter einem Regenbogen versteckt. Wie wichtig den Iren ihre Kobolde sind, zeigt nicht zuletzt das Straßenschild *Leprechauns Crossing,* das an Straßen positioniert ist, die häufig von Kobolden überquert werden.

GRÜNER MANN Der GRÜNE MANN hat in der Mythologie zwei verschiedene Bedeutungen:

1. Schon in der Steinzeit war der GRÜNE MANN als ein Fabelwesen in Menschengestalt mit einem gehörnten Kopf bekannt. Manche Darstellungen, die man vor allem im Gebiet des ehemaligen Gallien entdeckt hat, zeigen den GRÜNEN MANN mit Hufen und Hirschohren. Von den Kelten wurde er als Gott der Fruchtbarkeit und Erdverbundenheit verehrt. Heute findet man den GRÜNEN MANN trotz seines heidnischen Ursprungs als Schmuckelement in vielen alten Kirchen. Seine Haare und sein Bart gehen in Blätterranken über. Oft besteht auch sein Gesicht aus Blättern, wovon sich die Bezeichnung »Blattmaske« ableitet. Zudem gibt es vor allem in Großbritannien viele Pubs, die »Zum Grünen Mann« oder »Zum Wilden Mann« heißen.

2. Eine andere europäische Tradition kennt den GRÜNEN MANN als Teil eines Fruchtbarkeitsmythos. Bei Frühlings- und Maifeiern schließt er eine rituelle heilige Ehe mit der MAIKÖNIGIN, der symbolischen Nachfahrin der Fruchtbarkeitsgöttin. Verwandt mit dem GRÜNEN MANN ist der GRÜNE RITTER aus *Sir Gawain and the Green Knight*, einem englischen höfischen Roman aus dem 14. Jahrhundert. Hier erinnert die Enthauptung des Ritters an ein Fruchtbarkeitsopfer zum Wohl der Menschheit.

GRÜNES DRACHENWESEN – DER LINDWURM In der germanischen Mythologie taucht mitunter der Lindwurm auf, eine grüne Schlange mit kurzen Löwenbeinen, einem sehr langen Schwanz, kleinen, aber nicht flugfähigen Flügeln auf dem Rücken sowie einem drachenähnlichen Kopf. In einigen Sagen stehen sogar Menschen auf dem Speiseplan dieses Ungeheuers. Als Drache Fafner taucht der Lindwurm in RICHARD WAGNERS (1813–1883) *Der Ring des Nibelungen* auf und wird vom Helden Siegfried getötet. Den Lindwurm finden wir im deutschsprachigen Raum noch heute als Verzierung an Bauwerken, etwa an der Kaiserbrücke in Mainz, oder als Statue, man denke an den Lindwurmbrunnen in Klagenfurt. Lindwürmer sind auch auf den Stadtwappen von Jena, Moskau und Worms abgebildet. Zudem gehen Ortsnamen, die mit »Lind« oder »Lim« beginnen (wie Limburg), häufig aus Lindwurmsagen hervor.

→ Grüner Hügel, S. 167

GRÜNES KLEEBLATT Ein vierblättriges Kleeblatt bringt Glück, das wussten schon die Menschen im Mittelalter. Sobald sie auf Reisen gingen, hefteten sie sich daher ein grünes Kleeblatt an ihre Kleidung, um sich so vor Unglück zu schützen. Im Christentum repräsentierte das dreiblättrige Kleeblatt die Dreifaltigkeit; das vierblättrige Kleeblatt wiederum stand

🖼 Mythisches Nordlicht *(Aurora borealis)* über dem Yukon-Territorium/ Kanada, S. 188/189

für das Kreuz und die vier Evangelisten. Forscher vermuten, dass ca. jedes tausendste Kleeblatt vier oder sogar mehr Blätter hat, denn faktisch handelt es sich dabei um Mutationen; es soll sogar einmal ein Kleeblatt mit 18 Blättern gefunden worden sein. Neben EVA, die angeblich ein vierblättriges Kleeblatt aus dem Paradies gestohlen haben soll, hat es der Klee, genauer gesagt der *Shamrock,* besonders den Iren angetan, deren Nationalsymbol er ist. Ein großer Kleeblattfan ist EDWARD MARTIN SR. aus dem US-Bundesstaat Alaska, der mittlerweile weit über 100 000 verschiedene Kleeblätter gesammelt hat, wobei keines davon aus Alaska stammt, da Klee dort nicht heimisch ist.

→ St. Patrick's Day –
der grüne Tag der Iren,
S. 184

GRÜNE WASSERGÖTTIN VON JAVA Auf Java sollte man besser nicht mit grüner Schwimmkleidung ins Meer gehen – denn Grün ist die Farbe von NYAI RORO KIDUL, der indonesischen Wassergöttin. Typischerweise wird NYAI RORO KIDUL als Meerjungfrau mit grünem Fischkörper oder als Menschenfrau mit grünem Gewand dargestellt. Ähnlich wie POSEIDON oder NEPTUN lebt sie im Meer. Laut javanischen Überlieferungen verschwinden immer wieder Menschen, die mit einem grünen Badeanzug oder einer grünen Badehose ins Meer gegangen sind, spurlos. Die Begründung ist naheliegend: Da Grün NYAI RORO KIDULS Lieblingsfarbe ist, hat sie diese armen Geschöpfe entführt. Besonders hoch im Kurs stehen schöne junge Männer. Einen ähnlichen Mythos gibt es in Bezug auf Kreuzfahrtschiffe, auf denen man niemals grüne Socken tragen soll, weil man damit NEPTUN, den römischen Meeresgott, so erzürnen könnte, dass er einen Sturm heraufbeschwört.

GRÜNER
OMNIBUS

Zum Schluss soll noch versucht werden, Begriffe, die den Wortstamm »grün« oder auch *»green«* enthalten und nicht in die vorangegangenen Kapitel passen, zu sammeln und kurz zu erläutern. Unter »Omnibus« versteht man im allgemeinen Sprachgebrauch ein Fahrzeug, in dem jeder, also alle möglichen Personen, mitfahren kann. Der Begriff ist abgeleitet vom Dativ des lateinischen Wortes *omnes* = alle. Einen Omnibus gab es auch in den klassischen Apotheken, die für die Anfertigung der von Ärzten und insbesondere Dermatologen verschriebenen individuellen Rezepturen eingerichtet waren. Hier bezeichnete der Ausdruck einen Schrank, in dem Anbrüche und Reste von Arznei- und Hilfsstoffen, also alle möglichen Substanzen, aufbewahrt wurden. An dieser Stelle soll der Omnibus ein Kapitel sein, das alle möglichen »Grün-Wörter« aufnimmt, die sich nicht oder nur schwer den Themen der anderen Kapitel zuordnen lassen. * * *

FEINDLICHES GRÜN Wenn eine Ampelanlage auf einer Kreuzung fälschlicherweise in alle Richtungen grün leuchtet und somit freie Fahrt für alle Fahrbahnen signalisiert, spricht man von feindlichem Grün. Dies kann zu verheerenden Unfällen führen, was in Deutschland durch eine DIN-Verordnung verhindert werden soll, laut der feindliches Grün innerhalb von nur 300 Millisekunden auf blinkendes Gelb springen muss. Auch eine Erzählung der deutschen Schriftstellerin JULI ZEH (geb. 1974), in der im übertragenen Sinne mehrere Protagonisten ungebremst aufeinanderprallen, trägt den Titel *Feindliches Grün*.

GRÜNE HAUT Grüne Haut ist das von einem Jäger oder Metzger abgezogene Fell eines Tieres, das zur Lederverarbeitung an den Gerber weitergegeben wird.

GRÜNE TARNUNG Die Europäische oder Gemeine Gottesanbeterin *(Mantis religiosa)* ist ein Insekt, dessen Chitinpanzer
eine grüne Tarnfarbe hat, sodass es im grünen Blättermeer
kaum auszumachen ist. Je nach Umgebung kann es die Farbe
auch wechseln. Gottesanbeterinnen kommen ursprünglich
aus Afrika, sind mittlerweile aber auf der ganzen Welt in
mehr oder weniger großen Populationen zu Hause. Noch
ausgeprägter als bei der Gottesanbeterin ist die Fähigkeit
des Farbwechsels beim Chamäleon, einem Schuppenkriech-
tier, das sich der Farbe seiner Umgebung leicht und schnell
anpassen kann. Als Busch- und Baumbewohner gefärbt
erscheint es grün. Allerdings kann ein Chamäleon nicht
tatsächlich seine Farbe wechseln. Vielmehr verändert es
seine unter der Hautoberfläche liegenden Farbzellen so,
dass einfallendes Licht unterschiedlich reflektiert wird und
bei uns im Auge entsprechend unterschiedliche Farben hervorgerufen werden.

GRÜNE VERSICHERUNGSKARTE Wer mit seinem Auto ins
Ausland fährt, der benötigt in einigen Ländern die grüne
Versicherungskarte. Nur damit wird die Kfz-Versicherung
aus dem jeweiligen Heimatland auch im Reiseland anerkannt. Ihre vollständige Bezeichnung lautet »Internationale
Versicherungskarte für den Kraftverkehr«. Mittlerweile ist
die grüne Versicherungskarte allerdings weiß, was den Vorteil hat, dass man sie selbst zu Hause ausdrucken kann.

GRÜN IM ANTIKEN GRIECHENLAND Im antiken Griechenland gab es noch keine eigenständigen Bezeichnungen für die
verschiedenen Farben. Vielmehr waren es bestimmte Gegenstände, die mit den Farben in Verbindung gebracht wurden.
Allerdings wurden diese nicht immer sprachlich voneinander unterschieden, sondern bekamen erst im inhaltlichen

Zusammenhang ihre ganz eigene Bedeutung. Und so trugen Grün und Gelb lange Zeit den gleichen Namen: Sowohl (vertrocknetes) Gras als auch Honig kannte man als *chloros* (im Deutschen geläufig als Wortbestandteil des Chlorophylls). Zudem hatten die Griechen ein Wort für den blauen Stein Lapislazuli, mit dem sie aber ebenfalls dunkle Haare bezeichneten, wie RUDOLF STEINER (1861–1925) im Jahr 1920 feststellte:

→ Blattgrün, S. 32

»Niemand wird annehmen können, dass die Griechen blaue Haare hatten. Solche Dinge kann man wirklich bis zu einem hohen Grade von Beweiskraft bringen, und man sieht daraus, dass die Griechen einfach als Volk Gelb von Grün nicht unterschieden haben, Blau als Farbe nicht so bemerkt haben wie wir, dass sie alles lebendig nach dem Rötlichen, nach dem Gelblichen hin gesehen haben. Das alles wird noch bekräftigt dadurch, dass uns die römischen Schriftsteller erzählen, die griechischen Maler hätten mit nur vier Farben gemalt, mit Schwarz und Weiß, mit Rot und Gelb.«

GRÜN UND DIE TYPOLOGIE NACH C. G. JUNG Der Schweizer Psychologe CARL GUSTAV – oder kurz C. G. – JUNG (1875–1961) entwickelte zur Analyse der menschlichen Psyche eine Typenlehre, die zum Kern seines Gesamtwerks zählt. Zunächst unterschied JUNG grundsätzlich zwischen zwei verschiedenen »Einstellungstypen«: den extravertierten und den introvertierten Menschen. Diese differenzierte er weiter im Hinblick auf jeweils vier sogenannte »Bewusstseinsfunktionen«: Denken, Fühlen, Empfinden und Intuition. JUNG strebte dabei aber keine Schematisierung von Menschen an, vielmehr sollte die Bewusstwerdung dieser Dispositionen das Verständnis für die Entwicklung der eigenen Persönlichkeit schärfen.

In der Psychologie mittlerweile überholt, hat die Typenlehre, oft vermengt mit Jungs Konzeption der Archetypen, Eingang gefunden in ein weites Feld von pseudowissenschaftlichen Farbenlehren, die sich Akteure im Bereich von Marketing und Coaching zunutze machen. Hierbei wird Grün zum Beispiel der Kombination »introvertiert und emotional« zugeordnet und soll sensible Menschen beschreiben, die nach Harmonie und einem rücksichtsvollen Miteinander streben.

→ Grün als Farbe der Harmonie, S. 145

GREENBACK Nachdem in den USA lange Zeit nur Gold- und Silbermünzen als gesetzliches Zahlungsmittel galten, wurden während des Amerikanischen Bürgerkriegs (Sezessionskrieg, 1861–1865) erstmalig Dollarbanknoten aus Papier ausgegeben. Wegen der grünen Farbe nannte man sie *Greenbacks* (= grüne Rückseite), eine noch heute umgangssprachliche Bezeichnung für den US-Dollar.

→ Smaragdstadt in *Der Zauberer von Oz*, S. 141

GREENHORN Mit *Greenhorn* bezeichnen englischsprachige Menschen einen Anfänger oder Neuling; in Deutschland kennen wir dafür auch den Ausdruck Grünschnabel. Die Bezeichnung hat ihren Ursprung auf US-amerikanischen Ranches und kann mit »grünes Horn« übersetzt werden. Im ersten Band seiner *Winnetou*-Trilogie erläutert Karl May (1842–1912) den Begriff wie folgt:

→ Grünschnabel, S. 106

>»Green heißt grün, und unter horn ist Fühlhorn gemeint. Ein Greenhorn ist demnach ein Mensch, welcher noch grün, also neu und unerfahren im Lande ist und seine Fühlhörner behutsam ausstrecken

muss, wenn er sich nicht der Gefahr aussetzen will, ausgelacht zu werden. [...] Ein Greenhorn steckt das Bowiemesser so in den Gürtel, dass er, wenn er sich bückt, sich die Klinge in den Schenkel sticht. Ein Greenhorn macht im wilden Westen ein so starkes Lagerfeuer, dass es baumhoch emporlodert, und wundert sich dann, wenn er von den Indianern entdeckt und erschossen worden ist, darüber, dass sie ihn haben finden können. Ein Greenhorn ist eben ein Greenhorn und ein solches Greenhorn war damals auch ich.«

GREENWASHING *Greenwashing* (= grün Waschen) ist ein modernes Phänomen, das stark zugenommen hat, seitdem sich Verbraucher vermehrt für die nachhaltige Herstellung von Produkten interessieren. In diesem Sinne bedeutet *Greenwashing*, dass sich ein Unternehmen ein umweltfreundliches »grünes« Image zulegt, obwohl dies nicht unbedingt der Realität entspricht.

GRÜN ALS SIGNALFARBE Als Signalfarbe besitzt Grün eine durchweg positive Bedeutung. So freut sich jeder Autofahrer über eine grüne Welle, wenn mehrere grüne Ampeln hintereinander den Weg freigeben. Außerdem steht die Farbe Grün generell für das Positive bzw. das Normale sowie für das Unproblematische und Ordnungsgemäße und für alles, das funktioniert. Nicht umsonst sagt man, dass »alles im grünen Bereich« ist, wenn alles in Ordnung ist, oder dass man grünes Licht für etwas erteilt. Mit Grün sind zudem die Bereiche auf einer Skala ausgewiesen, die optimale Messwerte anzeigen. Grün bedeutet darüber hinaus aber auch: keine Gefahr. In einer Gefahrensituation ist es also

→ Grüne Welle, S. 105

→ Es ist alles im grünen Bereich, S. 102

→ grünes Licht geben, S. 105

immer ratsam, den grünen Schildern mit Rettungzeichen wie beispielsweise für Fluchtwege, Notausgänge oder Erste-Hilfe-Einrichtungen zu folgen.

GRÜNE FEE Die Grüne Fee, französisch *La fée verte,* ist ein poetischer Name für den Absinth. Die zumeist grüne Farbe des alkoholischen Getränks geht auf die Herstellung aus verschiedenen Kräutern wie Wermut, Anis und Fenchel zurück. Absinth hatte lange Zeit einen schlechten Ruf, denn er galt als besonders gesundheitsschädlich. So glaubte man etwa, dass der psychische Verfall des Malers VINCENT VAN GOGH (1853–1890) auch mit seinem starken Absinthkonsum zusammenhing. Tatsächlich enthalten die ätherischen Öle des Wermuts ein Nervengift, das Wahnvorstellungen hervorrufen kann – allerdings nur in sehr hoher Konzentration.

→ Grün in *Das Nachtcafé,* S. 149

GRÜNE SAGENGESTALTEN Aus dem Mittelalter stammen zahlreiche Darstellungen von Fabelwesen wie Drachen, Dämonen, Geister und Feen, die meist eine grüne Hautfarbe aufweisen. Auch Schlangen und Hexen assoziierte man damals wie heute oft mit der Farbe Grün. Insofern wird die Farbe Grün im Mittelalter um die Bedeutung des Unheimlichen und Gruseligen, des Bösen und gar des Teuflischen erweitert. Der Teufel wurde häufig unter anderem als Halbschlange oder Halbdrache gezeigt und später, in der Romantik, als Menschengestalt in Grün gekleidet.

→ grünes Drachenwesen – der Lindwurm, S. 187

BIBLIOGRAFIE/BILDNACHWEIS

WORTHERKUNFT

Bruns, M.: *Das Rätsel Farbe. Materie und Mythos.* Stuttgart: Reclam 2012.

Duden, *Band 7: Das Herkunftswörterbuch. Etymologie der deutschen Sprache.* Berlin: Dudenverlag 2020.

Finlay, V.: *Das Geheimnis der Farben. Eine Kulturgeschichte.* Berlin: Ullstein 2019.

Loske, A.: *Die Geschichte der Farben.* München: Prestel 2019.

Schawelka, K.: *Farbe. Warum wir sie sehen, wie wir sie sehen.* Weimar: Verlag der Bauhaus-Universität 2007.

CHEMIE UND PHYSIK

Bahr, B. et al.: *Faszinierende Physik. Ein bebilderter Streifzug vom Universum bis in die Welt der Elementarteilchen.* Berlin: Springer Spektrum 2019.

Beyer, H. (Begr.) / **Walter**, W. et al.: *Lehrbuch der Organischen Chemie.* Stuttgart / Leipzig: Hirzel 2004.

Gerthsen, C. (Begr.) / **Meschede**, D.: *Gerthsen Physik.* Berlin: Springer Spektrum 2015.

Karlson, P. (Begr.) / **Doenecke**, D. et al.: *Karlsons Biochemie und Pathobiochemie.* Stuttgart: Thieme 2005.

Neufeldt, S.: *Chronologie Chemie 1800–1980.* Weinheim: VCH 1987.

Paetz gen. **Schieck** (Hrsg.), A. et al.: *Zeitkolorit. Mode und Chemie im Farbenrausch. 1850 bis 1930.* Oppenheim am Rhein: Nünnerich-Asmus 2019.

Römpp, H. (Begr.) / **Falbe**, J. et al.: *Römpp Lexikon Chemie.* Stuttgart: Thieme 1996.

Schweppe, H.: *Handbuch der Naturfarbstoffe. Vorkommen – Verwendung – Nachweis.* Hamburg: Nikol 1993.

GEOLOGIE

Cattaneo, C. / **Muntwyler**, S.: *Farbpigmente – Farbstoffe – Farbgeschichten.* Winterthur: alataverlag 2011.

Look, E. R. / **Quade**, H.: *Faszination Geologie. Die bedeutendsten Geotope Deutschlands.* Stuttgart: E. Schweizerbart 2006.

Okrusch, M. et al.: *Mineralogie. Eine Einführung in die spezielle Mineralogie, Petrologie und Lagerstättenkunde.* Berlin: Springer Spektrum 2014.

Press, F. / **Siever** R. / **Grotzinger**, J. et al.: *Press/Siever Allgemeine Geologie.* Berlin: Springer Spektrum 2016.

Rothe, P.: *Die Geologie Deutschlands. 48 Landschaften im Portrait.* Darmstadt: wbg Academic 2019.

Schumann, W.: *Edelsteine und Schmucksteine. Alle Arten und Varietäten. 1900 Einzelstücke.* München: BLV 2020.

BOTANIK

Baumeister, W. / **Conzi**, C. et al.: *rororo-Pflanzenlexikon in 5 Bänden.* Reinbek: Rowohlt 1969.

Berger, F.: *Synonyma-Lexikon der Heil- und Nutzpflanzen.* Wien: Österreichische APOVERLAG 1981.

Cetto, B.: *Enzyklopädie der Pilze.* München: BLV 1987–1989.

Dressler, R. L.: *Die Orchideen. Biologie und Systematik der Orchidaceae.* Stuttgart: Ulmer 1987.

Franke, W. et al.: *Nutzpflanzenkunde. Nutzbare Gewächse der gemäßigten Breiten, Subtropen und Tropen.* Stuttgart: Thieme 2007.

Frohne, D. / **Jensen**, U.: *Systematik des Pflanzenreichs. Unter besonderer Berücksichtigung chemischer Merkmale und pflanzlicher Drogen.* Stuttgart: WVG 1998.

Roth, L. et al.: *Giftpilze – Pilzgifte. Schimmelpilze – Mykotoxine. Vorkommen – Inhaltsstoffe – Pilzallergien – Nahrungsmittelvergiftungen.* Hamburg: Nikol 2001.

Roth, L. et al.: *Giftpflanzen – Pflanzengifte. Vorkommen – Wirkung – Therapie. Allergische und phototoxische Reaktionen.* Hamburg: Nikol 2012.

ZOOLOGIE

Bellmann, H.: *Schmetterlinge entdecken und erkennen.* Stuttgart: Ulmer 2010.

BREHM, A. / BRENSING K.: *Brehms Tierleben. Die Gefühle der Tiere.* Berlin: Dudenverlag 2018.

CARTER, D. J. / HARGREAVES, B.: *Raupen und Schmetterlinge Europas und ihre Futterpflanzen.* Hamburg/Berlin: Parey 1987.

GRZIMEK, B. (Hrsg.): *Grzimeks Tierleben. Enzyklopädie des Tierreichs in 13 Bänden.* Augsburg: Bechtermünz 2000.

HEINZEL, H. et al.: *Pareys Vogelbuch. Alle Vögel Europas, Nordafrikas und des Mittleren Ostens.* Hamburg/Berlin: Parey 1988.

MEBS, D.: *Gifttiere. Ein Handbuch für Biologen, Toxikologen, Ärzte und Apotheker.* Stuttgart: WVG 2010.

SCHIEMENZ, H.: *Die Libellen unserer Heimat.* Jena: Urania 1953.

STANĚK, V. J.: *Welt der Schmetterlinge in Farbe.* München: Bertelsmann 1989.

TEROFAL, F. et al.: *Meeresfische in europäischen Gewässern.* München: 1986.

MEDIZIN UND PHARMAZIE

ARENDS, J.: *Volkstümliche Namen der Drogen, Heilkräuter, Arzneimittel und Chemikalien. Eine Sammlung der im Volksmund gebräuchlichen Benennungen und Handelsbezeichnungen.* Berlin: Springer 2005.

BRAUN, H. (Begr.) / FROHNE, D. et al.: *Heilpflanzenlexikon. Ein Leitfaden auf wissenschaftlicher Grundlage.* Stuttgart: WVG 2006.

Deutsches Arzneibuch 2020 (DAB 20). Stuttgart: DAV 2020.

Europäisches Arzneibuch. 9. Ausgabe, Grundwerk 2017. Stuttgart: DAV 2017.

FORTH, W. et al. (Begr.) / AKTORIES, K. et al.: *Allgemeine und spezielle Pharmakologie und Toxikologie.* München: Urban & Fischer 2013.

HAGER, H. (Begr.) / BLASCHEK, W. et al. (Hrsg.): *Hagers Enzyklopädie der Arzneistoffe und Drogen.* Stuttgart: WVG 2007.

Roche Lexikon Medizin. Sonderausgabe. München: Urban & Fischer 2006.

Rote Liste 2020. Arzneimittelverzeichnis für Deutschland (einschließlich EU-Zulassungen und bestimmter Medizinprodukte). Frankfurt a. M.: Rote Liste 2020.

WICHTL, M. (Begr.) / BLASCHEK, W. (Hrsg.): *Wichtl – Teedrogen und Phytopharmaka. Ein Handbuch für die Praxis.* Stuttgart: WVG 2016.

WUNDERER, H.: *Wechselwirkungen: Nicht jeder Arzneistoff verträgt Grapefruitsaft.* PZ 143 (1998), S. 2467–2478.

NATUR UND UMWELT

DOSCH, F.: *Grün in der Stadt – für eine lebenswerte Zukunft. Grünbuch Stadtgrün.* Berlin: BMUB 2015.

FÜCKS, R.: *Intelligent wachsen. Die grüne Revolution.* Bonn: bpb 2016.

HARTEISEN, U. et al.: *Grünes Band – Modellregion für Nachhaltigkeit. Abschlussbericht des Forschungsvorhabens.* Göttingen: Universitätsverlag Göttingen 2010.

MIEDANER, T.: *Von der Hacke bis zur Gen-Technik. Kulturgeschichte der Pflanzenproduktion in Mitteleuropa.* Frankfurt a. M.: DLG 2005.

PIECHOCKI, R.: *Landschaft, Heimat, Wildnis. Schutz der Natur – aber welcher und warum?* München: C. H. Beck 2010.

STOLZ, M.: *Deutschlandkarte. 101 unbekannte Wahrheiten.* München: Knaur 2009.

WIMMER, C. A.: *Lustwald, Beet und Rosenhügel. Geschichte der Pflanzenverwendung in der Gartenkunst.* Weimar: VDG 2014.

POLITIK

AMEND, C. (Hrsg.): *Die Grünen. Das Buch.* Hamburg: Edel Books 2011.

DIX, A. et al. (Hrsg.): *Grüne Revolutionen. Agrarsysteme und Umwelt im 19. und 20. Jahrhundert.* Innsbruck.: Studien Verlag 2006.

UEKÖTTER, F.: *Deutschland in Grün. Eine zwiespältige Erfolgsgeschichte.* Göttingen: Vandenhoeck & Ruprecht 2015.

UNMÜSSIG, B. et al.: *Kritik der grünen Ökonomie. Impulse für eine sozial und ökologisch gerechte Zukunft.* Berlin: Heinrich-Böll-Stiftung 2012.

VOLMER, L.: *Die Grünen. Von der Protestbewegung zur etablierten Partei.* München: Bertelsmann 2009.

ZELKO, F.: *Greenpeace. Von der Hippiebewegung zum Ökokonzern.* Göttingen: Vandenhoeck & Ruprecht 2014.

SPORT

Behringer, W.: *Kulturgeschichte des Sports. Vom antiken Olympia bis zur Gegenwart.* München: C. H. Beck 2012.

Brooke-Hitching, E.: *Enzyklopädie der vergessenen Sportarten.* München: Liebeskind 2016.

Schröder, R.: *Nicht alle Helden tragen Gelb. Die Geschichte der Tour de France.* Göttingen: Die Werkstatt 2011.

Zeyringer, K.: *Fußball. Eine Kulturgeschichte.* Frankfurt a. M.: S. Fischer 2014.

REDENSARTEN

Berger, F. S. et al.: *Das Blaue vom Himmel. Alltägliche Redensarten und ihre Herkunft.* München: F. A. Herbig 2003.

Duden, Band 11: Redewendungen. *Wörterbuch der deutschen Idiomatik.* Berlin: Dudenverlag 2020.

Gutknecht, C.: *Lauter spitze Zungen. Geflügelte Worte und ihre Geschichte.* München: C. H. Beck 1996.

Pilz, K. D.: *Phraseologie. Redensartenforschung.* Stuttgart: Metzler 1981.

LITERATUR

Brecht, B.: *Gedichte 2. Sammlungen 1938–1956 (= Große kommentierte Berliner und Frankfurter Ausgabe, Band 12).* Berlin und Weimar: Aufbau / Frankfurt a. M.: Suhrkamp 1988. – © Bertolt-Brecht-Erben / Suhrkamp Verlag 1988.

Dauthendey, M.: *Lusamgärtlein. Frühlingslieder aus Franken.* Berlin: Holzinger 2013.

Duden, Band 10: Das Bedeutungswörterbuch. *Wortschatz und Wortbildung.* Berlin: Dudenverlag 2018.

Feil, A.: *Franz Schubert. Die schöne Müllerin. Winterreise.* Stuttgart: Reclam 1996.

Goethe, J. W. v.: *Zur Farbenlehre. 2 Bände.* Tübingen: J. G. Cotta'sche Verlagsbuchhandlung 1810.

Grimm, J. / Grimm W.: *Deutsches Wörterbuch von Jacob Grimm und Wilhelm Grimm.* Trier: Univers. Trier (Online-Datenb.) 2004.

Hermand, J.: *Grüne Klassik. Goethes Naturverständnis in Kunst und Wissenschaft.* Köln: Böhlau 2016.

Keller, G.: *Der grüne Heinrich. Erste Fass.* Berlin: Deutscher Klassiker Verlag 2007.

Linder, G. (Hrsg.): *Grün – Farbe des Lebens. Texte und Bilder.* Berlin: Insel 2016.

London, J.: *Meuterei auf der Elsinore.* Berlin: Universitas Deutsche Verlags-Aktiengesellschaft 1932.

Polt-Heinzl, E. / Schmidjell, C.: *Grüne Gedichte.* Stuttgart: Reclam 2012.

KUNST

Bergemann, F. (Hrsg.): *Eckermann: Gespräche mit Goethe in den letzten Jahren seines Lebens.* Frankfurt a. M.: Insel 1981.

Doerner, M. (Begr.) / Hoppe, T. (Hrsg.): *Malmaterial und seine Verwendung im Bilde.* Wiesbaden: Englisch 2010.

Düchting, H.: *Farbe am Bauhaus. Synthese und Synästhesie.* Berlin: Gebr. Mann Verlag 1996.

Erpel, F. (Hrsg.): *Vincent van Gogh. Sämtliche Briefe (6 Bände).* Berlin: Henschelverlag 1965–1968.

Gage, J.: *Die Sprache der Farben. Bedeutungswandel der Farbe in der bildenden Kunst.* Ravensburg: Ravensburger 1999.

Kammerlohr, O. (Begr.) / Broer, W. et al.: *Epochen der Kunst. Neubearbeitung in fünf Bänden. Band 5: 20. Jahrhundert. Vom Expressionismus zur Postmoderne.* München: Oldenbourg 2001.

Kandinsky, W.: *Über das Geistige in der Kunst. Insbesondere in der Malerei.* München: Piper 1912.

Schäffner, A.: *Terra verde. Entwicklung und Bedeutung der monochromen Wandmalerei der italienischen Renaissance.* Weimar: VDG 2009.

Schmied, W. et al.: *Hundertwasser 1928–2000 [in 2 Bänden]. Werkverzeichnis / Catalogue Raisonné.* Köln: Taschen 2002.

Wehlte, K. (Begr.) / Düchting, H.: *Werkstoffe und Techniken der Malerei.* Ravensburg: Ravensburger 2000.

MUSIK

Jewanski, J. et al. (Hrsg.): *Farbe – Licht – Musik. Synästhesie und Farblichtmusik.* Bern: Peter Lang 2006.

NEWTON, I.: *Opticks: Or, a Treatise of the Reflexions, Refractions, Inflexions and Colours of Light [...]*. London: Royal Society 1704.
OHLMANN, W. et al.: *Reclams Liedführer.* Stuttgart: Reclam 2008.
RAPOSO, J.: *(It's Not Easy) Bein' Green.* The Joe Raposo Music Group (JRMG). © Jonico Music, Inc. / Green Fox Music, Inc. 1970.
SCHMIERER, E.: *Geschichte des Kunstliedes. Eine Einführung (= Gattungen der Musik, Band 4).* Lilienthal: Laaber 2017.
SCHWEIKLE, G.: *Minnesang.* Stuttgart: Metzler 1995.

RELIGION
BIESINGER, A.: *Gott in Farben sehen. Die symbolische und religiöse Bedeutung der Farben.* München: Kösel 1995.
BLOOM, J. et al. (Hrsg.): *And Diverse Are Their Hues. Color in Islamic Art and Culture.* New Haven: Yale University Press 2011.
BRUNNER, B.: *Die Erfindung des Weihnachtsbaums.* Berlin: Insel 2011.
CRONIN, M. et al.: *The Wearing of the Green. A History of St Patrick's Day.* London: Routledge 2002.
GODDIO, F. et al.: *Osiris. Das versunkene Geheimnis Ägyptens.* München: Prestel 2017.

MYTHOLOGIE
ANDERSON, W.: *Der grüne Mann. Ein Archetyp der Erdverbundenheit.* Olten: Walter-Verlag 1993.
GEBHARDT, H. et al.: *Von Drachen, Yetis und Vampiren. Fabeltieren auf der Spur.* München: BLV 2005.
JAMME, C. et al. (Hrsg.): *Handbuch der Mythologie.* Darmstadt: Philipp von Zabern 2014.
MAIER, B.: *Lexikon der keltischen Religion und Kultur.* Stuttgart: Alfred Kröner 1994.

GRÜNER OMNIBUS
HARTMANN, K.: *Die grüne Lüge. Weltrettung als profitables Geschäftsmodell.* München: Blessing 2018.
HELLER, E.: *Wie Farben wirken. Farbpsychologie – Farbsymbolik – Kreative Farbgestaltung.* Reinbek: Rowohlt 2004.

JUNG, L. (Hrsg.): *C. G. Jung – Typologie (Taschenbuchausgabe in elf Bänden).* München: dtv 2001.
LUNAU, K.: *Warnen, Tarnen, Täuschen. Mimikry und andere Überlebensstrategien in der Natur.* Darmstadt: wbg 2002.
MAY, K.: *Winnetou I.* Bamberg: Karl-May-Verlag 1992.
RITTER, G.: *Goldbugs and Greenbacks. The Antimonopoly Tradition and the Politics of Finance in America, 1865–1896.* Cambridge: Cambridge University Press 1997.
STEINER, R.: *Heilfaktoren für den sozialen Organismus. Siebzehn Vorträge, Dornach und Bern 1920.* Basel: Rudolf Steiner Verlag 1984.
WERNER, H.: *Absinth. Die grüne Wunderdroge.* München: Ullstein 2002.

REGISTER

© Duden 2021 D C B A

Bibliographisches Institut GmbH,

Mecklenburgische Straße 53, 14197 Berlin

*

Autor Prof. Dr. Hermann J. Roth

Redaktion Iris Glahn

Lektorat Detlef Berghorn, Stefanie Höhne

Herstellung Maike Häßler

Umschlaggestaltung, Layout und Satz Carsten Aermes

Druck und Bindung L.E.G.O. S.p.A., Vicenza

Printed in Italy

*

ISBN 978-3-411-71055-3

www.duden.de